2012年度教育部人文社会科学研究青年基金项目资助
（项目号：12YJC760110）

20世纪西方艺术对景观设计的影响

张健健　著

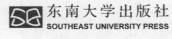

东南大学出版社
SOUTHEAST UNIVERSITY PRESS

中国·南京

图书在版编目（CIP）数据

20世纪西方艺术对景观设计的影响 / 张健健著. —
南京：东南大学出版社，2014.9
ISBN 978-7-5641-5172-0

Ⅰ．①2… Ⅱ．①张… Ⅲ．① 西方艺术 — 影响—景观
设计—研究 Ⅳ．① TU986.2

中国版本图书馆CIP数据核字（2014）第207637号

20世纪西方艺术对景观设计的影响

著　　　者	张健健
出版发行	东南大学出版社
社　　　址	南京市玄武区四牌楼 2 号 （邮编：210096）
出 版 人	江建中
责任编辑	顾晓阳
经　　　销	全国各地新华书店
印　　　刷	南京玉河印刷厂

开　　　本	700mm × 1000 mm　1 / 16
印　　　张	9
字　　　数	200千
版　　　次	2014年9月第 1 版
印　　　次	2014年9月第 1 次印刷
书　　　号	ISBN 978-7-5641-5172-0
定　　　价	30.00元

本社图书若有印装质量问题，请直接与营销部联系，电话：025-83791830

　　进入新世纪以来，随着社会经济的发展和人民生活水平的提高，我国的城市景观建设正进入一个崭新的历史阶段，即由追求数量向追求质量转变的阶段。如果说，从20世纪90年代到21世纪初，我国城市景观建设的主要任务是尽可能多地为市民提供广场、公园等公共活动空间，那么时至今日，城市景观的艺术品质则日益成为人们关注的焦点。然而客观看待这些年来我国的城市景观设计，我们不得不承认，其中存在许多不尽如人意的现象：比如对西方景观的抄袭拼凑、对古典园林的生搬硬套、对某些设计潮流的盲目跟风……这使得我国各地都出现了许多缺乏艺术品位和文化内涵的景观设计作品。掐指算来，真正意义上的中国景观设计也只是近二十年来的事情，短暂的发展历程还不足以积淀出能够指导当代景观设计实践的设计理论，而传统的园林艺术理论在许多方面已经无法满足当代景观设计实践的需求，当代中国景观设计迫切需要适应时代需求的设计理论的指导。

　　另一方面，在我国对外开放不断深化的过程中，欧美一些著名景观设计师及他们的优秀作品已经逐渐被介绍到国内，尤其近年来随着网络技术的飞速发展，以及专业书籍、期刊的增多，对当代西方景观设计的介绍也不断增多。但这些介绍中大部分只是让我们对当代西方景观设计中新颖的形式产生直观感受，而对其形式背后的艺术思想和文化内涵则解释甚少，往往使人知其然而难知其所以然。这样往往造成国内设计师在设计实践中为求新颖、独特，在不清楚西方景观形式内在意义的情况下就对这些形式生搬硬套，从而产生出许多缺乏文化内涵和艺术品位的景观作品。实际上，西方景观在发展过程中，不同时期和地域的优秀作品都是与其社会文化背景和艺术环境分不开的，剥离了形式背后的文化背景和艺术环境，我们也就很难理解这些作品的真正意义。所以，尽管西方景观给我们带来了丰富的形式语汇，但更值得我们研究和学习的是这些形式背后蕴藏的艺术思想和文化内涵，是西方景观如何从所处的艺术环境中广泛吸收，从而立足传统而又推陈出新的创作方法，这对于尚处在起步阶段的中国景观设计有着很好的借鉴意义。

西方传统园林在历史上和文学、绘画、雕塑等有着相似的艺术地位，在其发展过程中与其他艺术门类密不可分。以文艺复兴以来西方最有代表性的三种园林风格——意大利文艺复兴式园林、法国古典主义园林、英国风景式园林为例，它们在形成和发展过程中都与其他门类艺术有着千丝万缕的联系。文艺复兴时期，在意大利文化艺术领域中充满着对现实生活的肯定、对自然美的赞赏和对古典文化的仰慕。当时的诗人、画家、小说家们赞美自然、享受生活、追踪古典，这给当时的园林艺术创造了良好的文化氛围。到了 17 世纪，法国建立了以路易十四为核心的中央集权国家，极力推行为君主专制政体服务的文化政策，形成了古典主义艺术。[①] 古典主义艺术以笛卡儿的理性主义哲学为基础，崇尚理性、规则、等级、秩序和均衡。艺术作品宣扬理性至上，个人利益服从封建国家的整体利益，要求艺术形式完美。而当时的法国园林也以规则对称、等级分明的形式将理性主义推到极致。由安德列·勒·诺特（Andre Le Notre）设计的凡尔赛宫园林用中轴对称的布局手法为巨大的空间赋予等级和秩序，形成了严谨而完整的空间体系，体现了与古典主义艺术的呼应。到了 18 世纪的英国，在意大利风景画和英国本土田园文学的影响下，原本受法国古典主义影响的规则式园林又发生变化。从绘画、文学和实际风景的观赏体验中，英国人萌生了对自然田园风光的喜爱，并将风景画作为表现他们对自然想象力的最佳摹本，从而创作出以起伏的草地、蜿蜒的道路、自然式种植为特征的风景式园林。

作为与传统园林一脉相承的景观，同样在艺术领域占有一席之地。但由于 20 世纪正好是科学技术飞速发展的时期，这对于景观作为艺术的存在带来了巨大的冲击。随着新的科学思想和科技成果不断进入社会生活各个领域，国内外对景观的研究更多地偏向其承载的社会功能和工程技术问题，而对其艺术方面的专门研究却有些被忽略，这不仅不利于景观设计理论体系的建立，而且对于艺术学理论研究也是一种缺憾。景观不仅是科学、是技术，它在骨子里更是一门艺术。1950 年，美国景观设计师协会（ASLA）会章就把"景观"定义为"一种安排土地及其地上物以适合人类利用和享受的艺术"。因此，对于当代景观而言，即便在科学和技术的道路上有了长足的发展，最终也无法回避其作为艺术的存在。纵观 20 世纪西方景观设计的发展，也正是因为从绘画、雕塑、建筑等艺术门类中广泛吸收营养，才形成今天丰富多彩的创作思想和艺术形式。本书从艺术的角度研究 20 世纪西方景观设计的发展，正是希望通过将 20 世纪西方景观设计和同时期艺术思潮及其他门类艺术联系起来考察，探究西方景观设计是如何从艺术环境中进行吸收和借鉴的，从而为探索景观设计发展的内在规律，构建景观设计理论体系，丰富和充实景观设计理论研究做出贡献。

---

① 为了区别于文艺复兴时期效仿古希腊、罗马的人文主义的古典主义文化运动，也有学者把法国古典主义称之为"新古典主义"。

目　录

Contents

第 1 章　西方园林艺术的历史渊源

1.1　西方古典园林艺术概述

　　西方园林的起源是多样的，其早期类型主要是圣林（sacred garden）、园圃或场圃（farm garden）和乐园（paradise garden）。[1] 西方古典园林在历史发展过程中曾有过三个最有代表性阶段：文艺复兴时期的意大利园林；17 世纪的法国古典主义园林；18 世纪中叶以后的英国风景式园林。

　　意大利文艺复兴园林和法国古典主义园林均以规则对称的空间布局见长，这与西方传统美学思想有着深厚的联系。早在公元前 6 世纪，古希腊的毕达哥拉斯学派就把数当作万物的本原，他们不仅把数作为认识宇宙万物的途径，而且用数来解释宇宙万物的美。毕达哥拉斯学派把万物看成明确的几何形体，他们擅长在空间几何关系、数的结构关系上把握世界，这形成了古希腊美学乃至文化的一个重要特征：造型性或形体性。[2] 由于把世界万物看作为明确的几何形体，因此与几何形体结构有关的审美原则——对称、比例、尺度、和谐、均等、秩序等在古希腊美学中占有特别重要的地位。[3] 毕达哥拉斯学派的观点对古希腊罗马美学产生了重要影响。此后的亚里士多德也认为美产生于数量、大小和秩序，并通过事物自身的秩序、对称和确定性来说明美的原因，这对于西方的绘画、雕塑、园林、建筑等各个艺术领域都产生了广泛而深远的影响。

　　文艺复兴时期，意大利的海外贸易和探险活动不仅开阔了人们的视野，动摇了基督教神权中心论的权威性，而且推动了自然科学的发展，激发了人们对于自然的关注和热爱。但丁（Dante Alighieri）率先在《神曲》中以敏锐的感受写下了令人激动的大自然的景观；薄伽丘（Giovanni Boccaccio）把《十日谈》的背景放在一个避世的园林中，他在刻画世态人情的同时，还常常偷闲描绘园林和自然景色的美；彼特拉克（Francesco Petrarca）还曾经冒险攀登上了文图克斯峰（Mont Ventoux）。不少人在自己的书信、随笔和传记中记录了对大自然的热爱和赞美。[4] 这种亲近大自然、享受大自然的审美情感促成了文艺复兴时期别墅园林的大量出现。

与此同时，当时的艺术家们极度推崇古希腊罗马艺术，并把古希腊罗马艺术的复兴和当时自然科学研究成果相结合，不仅继承了传统美学中关于数与和谐的理论，而且还通过实验将数学的比例关系用于绘画、雕塑和建筑领域。阿尔伯蒂（Leon Battista Alberti）继承了毕达哥拉斯学派的美学观点，并对古罗马建筑师维特鲁威（Marcus Vitruvius Pollio）书中的比例关系作了进一步的细化和发展。在阿尔伯蒂看来，美是事物各部分间的一种协调和相互作用，这一协调是通过和谐所要求的特定的数、特定的比例和安排来实现的，而和谐是自然的基本原则所在。[5] 帕拉第奥（Andrea Palladio）则将几何理论推向极致，他不仅将和谐的比例赋予单一的房间，而且将这种比例运用于一系列房间，使它们形成一组和谐的旋律。[6]

意大利的园林是按建筑构图规律设计的，数与几何关系就控制了它的布局。意大利园林的美在于它的所有要素之间及其本身的比例是协调的，总体构图明晰而匀称。水池、台阶、植坛、道路、植物等要素的形状、大小、位置以及相互关系，都经过仔细的推敲。意大利文化中心在中部，而那里地形主要是起伏的丘陵，这使得意大利园林主要建在山坡上，因为山谷夏天太过湿热，山坡上则海风习习。由于受到地形限制，意大利园林面积通常不大，一般顺着地势修筑几层平台，因此又称为意大利台地园。别墅建筑通常位于顶层平台，其他各层平台对称布置水池、花坛等元素。园内的自然元素都被几何化，规则式台地取代了自然的山坡，规则式水池和修剪成几何形式的植物也取代了自然的溪流和植被，一切都体现出高度的几何特征。（图 1-1）

到了 17 世纪，意大利在内乱中耗尽了精力，欧洲其他国家也遭受各种战乱和纷争，唯有法国经过几代人的奋斗，到路易十四时完全巩固了国家的统一和中央集权制度，并把君主专制推到最高峰。此时的法国不仅经济繁荣、国力强盛，而且对外扩张，成为欧洲霸主。这一时期是法国历史上的"伟大时代"，在文化艺术上形成古典主义，欧洲造园艺术的中心也从意大利转移到了法国。法国古典主义艺术深受当时的君主专制政治和笛卡儿理性主义哲学影响。所有艺术作品宣

图 1-1　朗特别墅　　　　　　　　　　　　　　　　　　图 1-2　凡尔赛宫苑的"伟大风格"

扬理性至上，宣扬个人利益服从封建国家的整体利益；一切艺术形式都在歌颂路易十四，都为君主专制服务。它们都体现了一种基本特征——伟大风格。伏尔泰指出，路易十四时代文化的基本特色就是"伟大风格"。陈志华先生认为，虽然法国园林最初是受意大利影响，但正是这个"伟大风格"，将法国古典主义园林和意大利文艺复兴园林区别开来。[7] 这一"伟大风格"的最佳展现就是路易十四的凡尔赛宫苑。凡尔赛宫苑之所以能够产生出这种效果，并不仅仅在于它有精美华丽的建筑、做工精致的雕塑或喷泉，而是通过其宏伟开敞的园林空间将建筑、喷泉、雕塑、庭院、壁画、装饰品、植物这些艺术要素统一起来并融入到严整对称的体系之中，从而产生出非凡的表现力。凡尔赛宫苑园林巨大的尺度、严谨对称的布局形式象征了人类对世界的征服和支配，将君主专制和中央集权意识完美地贯彻到造园艺术之中，使凡尔赛宫苑成为法国古典主义艺术的集中展示。（图 1-2）

　　17 世纪，当欧洲大陆唯理主义弥漫于文化艺术的各个领域，英国却在自然科学的影响下产生了以培根（Francis Bacon）和洛克（John Locke）为代表的经验主义。他们否认先天性的至高无上的作用，相信感性经验是一切知识的来源。经验主义美学和西方传统美学存在一些基本的对立，比如培根在《论美》中对文艺复兴美学思想有所修正，他反对美在于和谐与比例的传统规定，主张美的基本条件是"显得有些奇怪的比例"。[8] 这就动摇了讲究对称均衡、比例和谐的西方传统园林艺术的根基。经验主义强调想象、情感和动态美，这给 18 世纪英国园林艺术的变革奠定了哲学美学基础。

　　此外，随着 17 世纪英国资产阶级革命的爆发，原有的封建专制制度在各个方面遭到全面的批判，风靡一时的古典主义文化失去了它的政治基础，规则的几何式园林也被看作专制主义的象征而不再被新时代采纳。在 1667 年，弥尔顿（John Milton）在《失乐园》中激烈批判君主专制的同时，也把伊甸园描绘为一派自然风光，并且明确提出，自然之美超过了几何式园林。[9] 在卢梭（Jean-Jacques Rousseau）"回到自然去"的口号下，园林中一切不自然的东西：几何对称的布局、直线道路、几何造型的植物等都被看作封建专制的象征。启蒙思想家们认为对人的奴役和对自然的奴役是联系在一起的，反对对自然的奴役，也就是提倡人的"自由、平等、博爱"。

在这种政治和文化环境中，对自然美的浪漫主义憧憬，渗透于英国的艺术领域。普桑（Nicolas Poussin）、洛兰（Claude Lorraine）的风景画被引入英国，使得18世纪的英国风景画坛呈现出一派生机勃勃的景象。（图1-3）在文学方面，对于自然美的热爱也萌生了田园文学。17世纪后半叶，出现了像赫里克（Robert Herrick）、弥尔顿等以描写自然景色为主的诗人。到了18世纪，又涌现出像蒲柏（Alexander Pope）、申斯通（William Shenstone）、渥尔波（Horace Walpole）等一大批田园诗人。结果，歌颂自然之声在当时的英国广泛传扬。

绘画和文学中的浪漫主义情调和热爱自然的倾向，对英国18世纪的园林艺术大变革及其以后的发展产生了深远的影响。从18世纪初开始，英国园林逐渐改变了原来的样貌。传统园林中的规则对称布局被打破，直线型道路被抛弃，植物也不再被修剪成几何形式；自然流线的道路、蜿蜒曲折的湖岸、绵延起伏的草地和自然风景式的植物栽植被引入园林，不仅体现了荷加思（William Hogarth）的"曲线赋予美以最大魅力"的思想，而且使得园林景观和周围的自然环境真正融为一体。园林不再通过几何的形式来协调建筑和自然环境的关系，而是和自然环境融合起来，使建筑成为整个自然背景中的点缀和装饰。新的设计手法不仅在形式上摆脱了园林与自然相对割裂的状态，而且在内容上摆脱了园林仅仅表现人工技艺之美的模式，彻底推翻了拥有两千年传统的西方规则式园林，形成了以表现自然景观为特色的风景式园林。风景式园林是英国对世界园林艺术的伟大贡献，它对此后的欧美乃至世界的园林艺术都产生了深远的影响。（图1-4）

图1-3　洛兰的风景画（1645年）

图1-4　英国斯托海德风景园

1.2 19世纪：传统园林向现代景观的过渡

19世纪的西方社会充满变幻，无论是政治经济方面，还是文化艺术方面，无一不呈现出不断变化、不断创新的局面。19世纪的西方园林艺术和其他艺术形式一样也在不断地变化中发展，正是这种发展为20世纪新风格的出现开辟了道路，因此19世纪可以说是西方传统园林和现代景观之间的纽带。

1.2.1 折中主义园林

工业革命给西方社会带来了前所未有的变化，在经济上使其社会生产力得到飞速发展，社会财富迅速增加；在政治上彻底瓦解了封建专制体制，使新兴资产阶级成为领导阶级；在文化上也使得曾经引领文化风尚的宫廷文化日趋没落，皇室贵族的审美趣味逐渐地不再作为公共审美趣味的统一标准，这引发了艺术领域的一系列变化。比如在绘画领域，随着资产阶级革命使得封建体制瓦解，原先宫廷和教会所营造的艺术资助环境已经不复存在，艺术家们不再为他们熟知其意愿的少数顾主工作，顾主的多元化使得绘画表现的题材和手法都失去了限制。于是，各种题材、各种风格在19世纪的画坛多元并存，这为后来绘画艺术突破传统奠定了基础。

这种变化在建筑领域表现为折中主义风格的出现。折中主义建筑是指不拘格式，任意模仿各种古代的风格，甚至自由组合不同时代风格的建筑形式。[10] 由于专制体制的瓦解和宫廷文化的没落，建筑风格已经不再由一种趣味占据主导。此外，随着资本主义经济的飞速发展，新兴的中产阶级渴望在建筑和装饰上炫耀自己的财富；同时，考古、交通、出版等事业的发展以及摄影术的发明，为人们搜集古代和国外的各种风格提供了便利，建造技术的进步也使得各种风格的自由选择和拼凑成为可能。这些都成为折中主义风格流行的基础。于是，在19世纪的西方大城市中，随着各类建筑的拔地而起，希腊、罗马、拜占庭以及中世纪、文艺复兴等各种风格杂然并存。正如贡布里希在《艺术发展史》中所说，此时的建筑"看起来往往像是工程师立起一个适合功能要求的结构，然后从一本论'历史风格'的范本中找出一种装饰形式，在建筑立面上粉饰一点'艺术'"。[11]

艺术间的相通性使得折中主义同样渗透于19世纪的园林艺术，表现在两个方面：一是世界各地的植物品种在同一园林中的混用；二是各种装饰风格在同一园林中的并置。19世纪，英国仍然是西方园林艺术的引领者。因此，折中主义风格也最早、最显著地表现在英国园林中。

18世纪末，英国风景式造园达到鼎盛，伴随而来的是其植物学获得了迅速的发展。1759 年，英国皇家植物园——邱园（Kew Garden）建立，很快在整个欧洲树立起声誉。1804 年园艺学会在伦敦成立，并派遣人员到世界各地搜集植物品种。19 世纪 30 年代，随着沃德箱①的发明，海外的植物搜集也更加方便。随着植物品种的增加和园艺技术的进步，许多介绍园艺的杂志也纷纷发行，这些都大大激发了大众对于植物和园艺的热情，这也促使劳顿（John Claudius Loudon）等一些造园师开始思考如何在园林场地中安排这些植物。劳顿主张采用"标本陈列"的方式来栽种植物，他将外来植物品种栽植于园林的特定区域，并保持植物间互相分隔，使观赏者能够像欣赏艺术品一样欣赏它们。[12] 这种做法带来了一种新的园林要素——地毯式花坛（carpet-bedding 或称移栽式花坛），就是将从海外搜集的大量的花卉搭配种植在各种形状的花坛中。这些外来花卉冬季在温室里过冬，到了开花季节，就被移入草地中的花坛，并根据它们的色彩、形态、花期等加以搭配。当花坛中的花卉即将凋谢，就将它们移出，并被其他相同的花卉所取代。（图 1-5）这样，原先的风景式园林逐渐成为展示世界各国花卉的大花园，这是折中主义手法在植物配置上的体现。

　　折中主义手法在园林装饰风格上的运用更早。在 18 世纪末，英国的一些有闲绅士就开始考虑风格问题。曾游历过中国的钱伯斯（William Chambers）就对中国的建筑和园林有很浓的兴趣。他在主持邱园的设计建造时，就在园中布置了一座中国式的宝塔。[13] 19 世纪初，著名造园师莱普顿也提出，既然能在相同的展柜里同时存放拉斐尔和坦耶斯②（David Teniers）的作品，或者能在一个图书馆里同时存放宗教和世俗的书，那么在同一块场地中放置不同风格、时代、特征和尺度的庭园也就并不荒唐了。[14] 他后来在沃伯恩修道院（Woburn Abbey）的设计手册中就建议建造一个美国式庭园和一个中国式奶牛场，并且把意大利风格的露台重新引入园林。（图 1-6）莱普顿的理论和作品中都表现出较强的折中主义倾向，而这种倾向很快影响到全英，使得当时的英国园林变成了不同国家园林风格的集中展示。

　　在 1814 年和 1827 年之间建造的奥尔顿·陶沃斯庄园（Alton Towers）是典型的折中主义园林的例子。在园林的不同区域，布置了哥特式干砌桥梁、英国史前巨石柱的仿制品、玻璃穹顶温室、哥特式塔、希腊神庙、印度的寺庙等各种

---

① 19 世纪 30 年代，医生兼自然科学家纳撒尼尔·沃德（Nathaniel Ward）在玻璃罐里的土中埋下种子，不久发现玻璃罐能保持稳定的温度和较高的湿度，使得土里的种子发芽了。很快，这种相当于微型温室的沃德箱成为植物搜集者的必备工具之一。
② 坦耶斯（David Teniers）：1610—1690，比利时画家，以农民生活风俗画著名。

图 1-5　英国格林尼治公园中的圆形地毯式花坛

图 1-6　沃伯恩修道院的中国式奶牛场

图 1-7　奥尔顿·陶沃斯庄园

图 1-8　比达尔夫庄园中的埃及庭园

各样奇异的景物，即便劳顿也对于园中风格的混杂感到极为震惊。该庄园的园主是一位极为富有的伯爵，他希望创造不同于其他任何地方的园林。为此，他咨询了几乎每一个艺术家，但在听取了大量的建议后，他得出的想法又不同于原先提出的建议。这也是当时富有的业主们想通过园林来炫耀财富和满足猎奇欲望的心态写照。（图 1-7）喜爱纯粹风格的人可能从不会欣赏折中主义风格，但折中主义风格仍然成为 19 世纪园林艺术的重要特征，人们都争取在园林中为某种风格找到一席之地。比如始建于 1842 年的比达尔夫庄园（Biddulph Grange），里面除了有意大利风格的府邸建筑和庭园外，还布置了埃及庭园和中国庭园，不同风格的庭园通过道路、树木和假山分隔开来。[15]（图 1-8）

　　19 世纪建筑和园林艺术中的折中主义既反映了新兴资产阶级炫耀财富的心态，也反映了处于新旧社会之交的西方设计师们想要突破传统，但又苦于找不到合适途径的彷徨，这种风格上的混杂最终遭到工艺美术运动先驱们的批判。

1.2.2 工艺美术运动对园林的影响

（1）工艺美术运动的兴起

"工艺美术运动"（Arts and Crafts Movement）是起源于英国19世纪下半叶的一场设计改良运动，起因是为了抵制机械化批量生产所造成的设计水准下降，以及滥用历史风格所导致的过分装饰、矫揉造作的设计现象。

罗斯金（John Ruskin）和莫里斯（William Morris）是这次运动中的两位代表人物。罗斯金是工艺美术运动的理论指导，而莫里斯则以自己的实践推动了运动的发展。罗斯金十分关注艺术真实的问题，他认为艺术只有表达出事物的真相才会有艺术真实。因此，他主张从自然中寻找设计灵感，反对盲目抄袭和模仿旧有的风格与样式，反对任何不必要的虚假装饰。[16]莫里斯继承了罗斯金的思想，并通过开办工厂和事务所，将设计理论和实践有机结合，希望振兴手工艺传统。他的实践促使一些年轻的设计师纷纷进行设计革新，从而在19世纪后半期形成了一个设计革新的高潮，这就是"工艺美术运动"。

（2）自然与艺术之争

在19世纪70年代末，工艺美术运动的影响在英国传播开来，这对园林艺术产生了较大的触动。工艺美术运动提倡的学习自然、诚实设计、反对虚假装饰，以及注重功能、讲究整体等主张，也影响到园林艺术。

在工艺美术运动时期，英国园林界最有影响的人物要数罗宾逊（William Robinson）、布罗姆菲尔德（Reginald Blomfield）、杰基尔（Gertrude Jekyll）和路特恩斯（Edwin Lutyens）等人。罗宾逊和布罗姆菲尔德都受到当时工艺美术运动的影响，主张在园林中克服混杂的风格，创作较为纯净、朴实的形式；但由于两人一位是园艺师，一位是建筑师，所以在理论和实践上走上了两条截然不同的道路。

身为园艺师的罗宾逊非常热爱自然，他对于当时园林中滥用外来植物的做法相当反感。他提倡发展乡土景观，主张在园林中使用适应英国气候的植物，并让这些植物像在野外一样自由生长，形成混交群落。很快，罗宾逊得到好友罗斯金的支持。罗斯金在《建筑的七盏明灯》（The Seven Lamps of Architecture）中，就把自然看成是美的一个主要来源，[17]因而他十分赞成罗宾逊的园林艺术主张。此前十分流行的地毯式花坛也遭到罗宾逊的抨击，他认为这些花坛不仅形式呆板，而且难以抵御英国冬天的寒冷天气。莫里斯也支持罗宾逊的观点，并在《对艺术的恐惧与希望》(Hopes and Fears for Art)中提到他甚至耻于想到地毯式花坛。[18]

得到工艺美术运动权威的支持，罗宾逊信心大增。他希望回归英国风景式造园传统，于是开始批评园林中直线条的运用，进而批评当时英国园林中流行的建筑露台和规则形式，而这些则是建筑师们所擅长的手法。罗宾逊反对地毯式花坛的观点为当时的建筑师所支持，但他对规则形式和建筑露台的批评则遭到反驳。作为建筑师，布罗姆菲尔德就撰写书籍提倡建筑露台，并和罗宾逊之间展开了激烈的论战。

布罗姆菲尔德主张建筑和园林应该统一设计，园林应该成为建筑的延伸。他主张采用规则对称的空间布局形式，并将园中植物修剪成几何造型，来取得园林和建筑的协调统一。1892 年，布罗姆菲尔德出版了《英国的规则式园林》(The Formal Garden in England) 一书。他在书中提出，规则式园林和建筑在一起更加谐调，自然式园林则很难与建筑有机结合。实际上，布罗姆菲尔德将建筑和园林统一设计的主张是符合工艺美术运动对于艺术美的理解的。罗斯金就认为，一件艺术作品如果是美的，那么它的各个组成部分必须有机地统一在一起。如果各个组成部分是美的，而把它们组合在一起却缺乏统一性，那么这作品只是一种黏合，不具备真正的美。[19] 这也是西方美学传统的体现。但是，布罗姆菲尔德对自然形式的排斥则体现了这位建筑师的固执。于是，园艺师们联合起来对他展开反击，罗宾逊自然是其中最有代表性的人物。他写了两篇关于园林设计的文章，提出把植物修剪成几何形式完全是一种野蛮的做法；而布罗姆菲尔德则指责罗宾逊的自然主义园林，并提出在面积较小的园林空间中，自然形式看上去更加不自然。[20] 这样一来，在当时的英国园林界展开了关于自然和艺术之间关系的激烈论战。

（3）工艺美术园林的形成

17 世纪至 18 世纪西欧美学发展的一个显著特点是受到哲学认识论转向的影响，贯穿着经验主义与理性主义两种倾向的对立这条基本线索。[21] 这两种倾向在园林艺术中清晰地表现为规则式园林和自然式园林的对立。园艺师们由于习惯于通过实验来认识自然，因而更为重视自然美的感性特征，本能地倾向于经验主义美学，喜欢在园林中把植物布置成自然的形式；而从维特鲁威到阿尔伯蒂延续下来的关于几何构成、比例关系的理解，则一直是建筑学科的经典美学教义，这使得建筑师们本能地倾向于理性主义美学，喜欢将自然处理成规则的形式。因此，19 世纪园林艺术中自然和艺术之争实质上也就是这两种美学倾向的冲突和碰撞。

园艺师和建筑师的矛盾最终仍然要靠园艺师和建筑师的合作来化解。杰基尔是当时最负盛名的女园艺师，她年轻时特别喜欢读罗斯金的著作，深受罗斯金思想的影响。杰基尔思考了罗宾逊和布罗姆菲尔德之间的论战，认为两者的观点既有正确的地方，又都有些极端。她认为，从功能上说在建筑附近建造露台是合适的，但应该把植物种植成自然的形式。其实，从今天的观点来看，布罗姆菲尔德提出的整体设计主张是有道理的，因为 19 世纪的社会条件和 18 世纪相比已经发生了很大变化，新建的园林大多是中产阶级的住宅庭园，没有像 18 世纪园林那么大的面积，在较小的空间中采用自然式手法往往难以形成与建筑的协调；但是一味用人工手法处理园林，将植物完全修剪成几何造型以取得与建筑的统一，又未免过于呆板，也忽视了对自然本身美的特质的表现。因此，杰基尔希望将两种手法融合起来，并将她的思想通过她的书以及她与建筑师路特恩斯合作的项目传播开来。路特恩斯是 19 世纪末英国最有才华的建筑师之一，他能在建筑结构和室内方面为杰基尔提供帮助，使她的园林达到理想的效果。从 1890 年到 1914 年间，他们合作设计建造了一百多处园林。

　　杰基尔与路特恩斯也深受工艺美术运动的影响，主张从大自然中吸取灵感，并且希望将传统的材料、工艺和乡村的质朴魅力，融合到他们设计的园林中去。[22]他们在考察和实践中逐渐形成了使建筑与园林统一的新方法，就是把规则的建筑线条同自然的植物线条结合在一起，从而形成规则式布局和自然式种植相结合的园林形式。（图 1-9）这种以规则式为结构，以自然植物为内容的风格，从实践上化解了园艺师和建筑师之间的争论。最终，论战双方都接受了杰基尔的观点，罗宾逊认可了园林中的建筑线条，布罗姆菲尔德也在《英国的规则式园林》第三版中承认园艺师和建筑师都有许多正确的地方。

图 1-9　杰基尔设计的 Upton Grey 住宅园林

由杰基尔和路特恩斯开创的园林风格受到专业和业余造园师的广泛喜爱，大家认为他们设计的园林能够和历史上的那些著名园林相媲美，并将他们创作的这些园林以及当时同类风格的园林统称为"工艺美术园林"（Arts and Crafts Garden）。虽然工艺美术园林在总体风格上仍然带有折中主义色彩，但它体现了自然与艺术的结合，其规则式布局和自然式种植相结合的设计方式以及对乡土材料的重视，都对以后的园林设计产生了深远的影响。

1.2.3 "园林"向"景观"的转变

工业革命不仅是一次重大的技术革命，也是一次深刻的社会变革，它给19世纪园林艺术带来的影响是多方面的。除了前文提到的对园林风格变化的影响，还催生了新的园林类型。从园林发展史可以看出，19世纪以前的具有较高艺术水平的园林无一例外都是私人所有，虽然有些大型皇家园林偶尔也对公众开放，但其所有制仍然为私有。只有到了19世纪，才真正出现由公共资金建造的为广大公众所享有的公共园林。

工业革命推动西方资本主义国家由"农业—乡村"为主体的经济体制转变为"工业—城市"为主体的经济体制。工业化改变了西方主要城市的人口布局，大批人口从农村向城市集中。以英国为例，曼彻斯特的人口在一个世纪中增长8倍，从1801年的7.5万人增至1901年的60万人；伦敦在同期增长6倍，从100万人左右发展到650万人。巴黎也有相应的增长，从1801年的50万人到1901年的200万人至300万人。美国也面临相同情况，纽约的人口从1801年的3.3万人发展到1850年的50万人，到1901年又激增到350万人。[23] 这种爆发性的增长速度远远超越了城市基础设施的建设速度，造成城市环境的严重恶化，引发了一系列社会矛盾和问题。

城市的急剧扩张吞没了许多公地、草地和闲置地，连片的厂房、住宅和街道开始占据城市空间。城市规模越来越大，布局也越来越混乱，特别是铁路线引入城市后，交通更加混乱。涌入城市打工的贫民在城市的各个角落搭建房屋，使城市中心区形成大量建造质量低劣、卫生条件恶劣、不适于人们居住的贫民窟。（图1-10）高密度的发展使得城市环境遭到严重破坏，绿化与公共设施异常缺乏。排水系统的落后和年久失修，也造成了粪便和垃圾堆积以及洪水泛滥。这种状态导致疾病的大规模爆发，首先是肺结核，然后是19世纪三四十年代蔓延整个欧洲大陆的霍乱。

高昂的生命代价迫使西方各国开始着手进行城市改造，改善城市环境和生活

图 1-10　Gustave Doré 描绘的伦敦平民恶劣的生活　　图 1-11　纽约中央公园
　　　　条件（1872 年）

条件。这一过程不仅使城市原来的基础设施得到改善，而且还为城市配备了一些公园绿地，从而促使新的园林类型——公园得以产生。在伦敦，一些原有的皇家园林如肯辛敦公园（Kensington Garden）、圣詹姆斯公园（St James Park）、海德公园（Hyde Park）相继向公众开放，同时又建造了摄政公园（Regent's Park）、伯肯黑德公园（Birkenhead Park）等新的城市公园。在巴黎，行政长官奥斯曼在对巴黎重新改造的过程中，也配置了大面积的公园绿地。例如将城市东西两处大型皇家猎场——布洛尼林苑（Bois De Boulogne）和温赛纳林苑（Bois De Vincennes）对公众开放，并又修建了比特 - 肖蒙特公园（Parc des Buttes-Chaumont）、蒙梭公园（Parc Monceau）等一些新的城市公园。

　　这一时期最有代表性的公园建设发生在美国。1857 年，纽约当局宣布为即将建设的中央公园举办一次设计竞赛。第二年，奥姆斯特德（Frederick Law Olmsted）与沃克斯（Calvert Vaux）合作的"大草坪"方案（Greensward Plan）赢得设计竞赛首奖并付诸实施。[24] 中央公园不仅成为奥姆斯特德景观职业生涯的起点，而且成为世界园林史上的一座里程碑，对此后世界各地的公园设计都产生了深远的影响。（图 1-11）在中央公园之后，奥姆斯特德及其合作者们又设计了布鲁克林希望公园（Prospect Park）、芝加哥南方公园（South Park）、波士顿的富兰克林公园（Franklin Park）等一系列公园绿地，并且由此形成了一场声势浩大的城市公园运动。

　　这些公园在设计思想上，都是为社会公众服务，体现了当时广泛传播的社会民主思想和对社会底层平民的人性关怀，但在设计手法上仍然是与英国风景式造园一脉相承的自然主义风格。这主要有三方面原因：第一，作为美国景观设计奠基人的奥姆斯特德曾游历英国，英国的风景式园林尤其是伯肯黑德公园给他留下了深刻的印象。第二，美国大城市糟糕的人工环境驱使人们渴望把自然景色引入城市，以缓解城市人的身心压力。第三，美国文化中对自然、荒野的向往，也使得他们对自然主义的园林设计表现出极大的热情。在美国文学中，"自然文学"一直占有重要的地位。从 17 世纪欧洲的第一批移民到达美洲大陆起，人们就开始歌颂这片壮阔、深邃而沉寂的土地。相对于欧洲大陆那些形式造作的花园景观，北美大陆未经开发的大自然将殖民者们带回上帝创世纪之初的时空，成为自由、纯朴、希望、机遇以及美好未来的象征，给予这些远道而来的殖民者巨大的心理能量。这种对于自然的热爱延伸到 19 世纪，就产生了像爱默生（Ralph Waldo Emerson）、梭罗（Henry David Thoreau）、惠特曼（Walt Whitman）这样的自然文学巨匠，他们不仅讴歌自然美景，而且把自然看作净化心灵、增进道德的源泉。正如梭罗在《瓦尔登湖》中所写，湖泊"是大地的眼睛，望着它的人可以测出他自己的天性的深浅"。[25] 同时，这种对于自然的热爱也延伸到绘画领域，并形成了美国第一个本土风景画派——哈德孙河画派。哈德孙河画派的画家们走出城市，进入远离现代工业文明和都市文明的乡村田园、自然风光之中，用画笔尽情表达着对自然和生命的体验。

在公园的景观设计中，奥姆斯特德与合作者们同样认为，自然不仅可以减轻人的心理压力，而且能够净化人的心灵。奥姆斯特德认为，在城市里，人的眼睛会因看到太多人工制造的东西而受到伤害，这种伤害会影响人的心智和神经。田园风光的美景，正是消除城市环境中的矫揉造作和压抑的一种恢复性"解毒剂"。[26] 同时，他们也相信，诗情画意的自然景观能够抚慰新的城市移民的心灵，让他们在享受自然美景的同时融入到新的民主社会之中。正因为坚信大自然对人类心灵的安抚和净化作用，奥姆斯特德的公园力求创造能使人的心灵得到陶冶的自然景色。大片的草地、林间的蜿蜒小径、活泼的溪流成为 19 世纪最为标志性的公园景观。

正是在奥姆斯特德及其合作者所引领的美国城市公园运动中，"景观"作为一门新的学科逐渐从传统园林的实践领域脱颖而出，开始了其一百多年的拓展与流变。1863 年，在中央公园的一份工程报告中，奥姆斯特德落款"景观设计师"（Landscape Architect），这是"景观设计师"这个称号的第一次正式使用。虽然奥姆斯特德觉得这个称谓过于空泛，但是沃克斯非常喜欢这个名称，因为他觉得这个称谓很好地体现了该专业的艺术性，并认为景观必须坚持让艺术作为主宰，来领导管理、资金、公众及其他方面。[27] 可见，景观这一专业名称从诞生之日起就与艺术有着深厚的联系。

早期的景观设计实践与传统园林设计实践在范畴上并无太大的区别，只是前者侧重于公园等城市公共空间设计，因而与城市规划建设的关系较为密切，而后者主要局限于庭园等私人场所的设计。后来，随着奥姆斯特德及其合作者的实践领域不断拓展，他们的业务从城市公园、私家庭园发展到道路景观、社区景观、城市设计甚至更为广大的国家公园规划，景观的含义也随之更加宽泛，处于不断地变化和发展中。但无论实践领域如何变化，在设计客体上，景观都是主要应用有生命的材料对强调美学和生态质量的游憩空间和活动场所进行塑造。

城市公园这种新型园林类型的产生，不仅从物质生活的角度缓解了城市生存空间的恶劣状况，更重要的是它在园林艺术的思想层面打破了固牢已久的"阶级"概念，使得园林不再是仅供少数人游憩的空间，真正体现了西方社会所倡导的"自由"、"平等"、"博爱"的精神。因此，可以说城市公园的出现意味着对传统园林设计思想的突破和现代景观设计思想的形成，景观设计在思想层面已经从传统园林中脱胎而出，获得了独立的存在。但是相对于思想层面的改变，19世纪景观的形式仍然未能走出规则式和自然式之间的纠结，即使工艺美术园林仍然体现了较强的折中主义，景观设计在形式和风格上的创新则要等待 20 世纪艺术的变革。

参考文献

[1] 周武忠．寻求伊甸园——中西古典园林艺术比较［M］．南京：东南大学出版社，2001：46
[2] 凌继尧．美学十五讲［M］．北京：北京大学出版社，2003：5
[3] 凌继尧．西方美学史［M］．北京：北京大学出版社，2004：7
[4] 汝信主编．西方美学史（第二卷）：文艺复兴至启蒙运动美学［M］．北京：中国社会科学出版社，2005：19
[5] 蒋孔阳，朱立元主编．西方美学通史（第二卷）：中世纪文艺复兴美学［M］．上海：上海文艺出版社，1999：399
[6] （英）杰弗瑞·杰里柯，苏珊·杰里柯著．图解人类景观——环境塑造史论[M]．刘滨谊主译．上海：同济大学出版社，2006：155
[7] 陈志华．外国造园艺术［M］．郑州：河南科学技术出版社，2001：11

[8] 凌继尧. 西方美学史［M］. 北京：北京大学出版社，2004：217

[9] 陈志华. 外国造园艺术［M］. 郑州：河南科学技术出版社，2001：194

[10] 罗小未. 外国近现代建筑史［M］. 2版. 北京：中国建筑工业出版社，2004：10

[11] （英）贡布里希著. 艺术发展史[M]. 范景中译. 天津：天津人民美术出版社，2006：299

[12] Tom Turner. Garden History: Philosophy and Design, 2000 BC–2000 AD [M]. New York: Spon Press，2005：239–240

[13] 周武忠. 寻求伊甸园——中西古典园林艺术比较［M］. 南京：东南大学出版社，2001：92

[14] John Claudius Loudon. The Landscape Gardening and Landscape Architecture of the Late H. Repton Esq[M]. London: Longman & Co.，1840：536

[15] （英）杰弗瑞·杰里柯，苏珊·杰里柯著. 图解人类景观——环境塑造史论 [M]. 刘滨谊主译. 上海：同济大学出版社，2006：266

[16] 王受之. 世界现代设计史 [M]. 北京：中国青年出版社，2002：54

[17] （英）约翰·罗斯金著；刘跃荣主编. 建筑的七盏明灯 [M]. 张璘译. 济南：山东画报出版社，2006：91

[18] Tom Turner. English Garden Design: History and Styles Since 1650 [M]. Woodbridge: Antique Collectors' Club，1986：190

[19] 蒋孔阳，朱立元主编. 西方美学通史（第五卷）：十九世纪美学［M］. 上海：上海文艺出版社，1999：653

[20] (日) 针之谷钟吉著. 西方造园变迁史——从伊甸园到天然公园［M］. 邹洪灿译. 北京：中国建筑工业出版社，1991：319

[21] 汝信主编. 西方美学史（第二卷）：文艺复兴至启蒙运动美学［M］. 北京：中国社会科学出版社，2005：182

[22] （美）伊丽莎白·巴洛·罗杰斯著. 世界景观设计（Ⅱ）——文化与建筑的历史 [M]. 韩炳越，曹娟，等译. 北京：中国林业出版社，2005：373

[23] （美）肯尼斯·弗兰姆普敦著. 现代建筑：一部批判的历史 [M]. 原山，等译. 北京：中国建筑工业出版社，1988：13

[24] （加）艾伦·泰特著. 城市公园设计 [M]. 周玉鹏，等译. 北京：中国建筑工业出版社，2005：147

[25] （美）亨利·梭罗著. 瓦尔登湖 [M]. 徐迟译. 长春：吉林人民出版社，1997：175

[26] Charles E Beveridge, Carolyn F Hoffman. The Papers of Frederick Law Olmsted: （Supplementary Series）Writings on Public Parks, Parkways, and Park Systems[M]. Baltimore: Johns Hopkins University Press，1997：474–477

[27] （美）伊丽莎白·巴洛·罗杰斯著. 世界景观设计(Ⅱ)——文化与建筑的历史 [M]. 韩炳越，曹娟，等译. 北京：中国林业出版社，2005：347

第 2 章　20 世纪西方艺术的发展

2.1　20 世纪前半期的西方艺术

2.1.1　时代背景

19 世纪后半期，西欧各国和美国都进入资本主义经济高速发展阶段，工业革命产生的巨大物质财富，在刺激了国民经济迅猛发展的同时，也使西方的政治经济制度、社会结构、科学技术和意识形态等各个方面发生了重大转变。传统的文化价值观和文化制度慢慢瓦解，以反传统和强调"自我"为特征的现代主义思潮开始传播，这种转变为西方艺术领域的变革提供了历史语境和社会土壤。在绘画和雕塑领域，一场视觉语言的革命席卷了欧洲，这场革命从根本上改变了传统绘画和雕塑的形式，这不仅出自艺术家追求艺术创作的需要，也出自在现代社会条件下人们视觉习惯的改变。这场视觉革命迅速波及包括建筑在内的其他设计领域，使得整个 20 世纪，从人们的日常生活到商业文化，都深刻地反映着这场视觉革命的成果。

2.1.2　20 世纪初期的艺术革新

19 世纪末、20 世纪初，当以反传统和强调"自我"为特征的现代主义思潮席卷了西方文化艺术的各个方面，西方艺术领域发生了剧烈的变革，并最终发展为自文艺复兴以来声势最为浩大的艺术运动。在这场运动中，艺术家们纷纷投入革新的激流之中，新的思想和流派层出不穷，文艺复兴以来所确立的艺术传统受到了强烈的冲击，使得 20 世纪的西方艺术进入了一个全新的时代。在不到半个世纪的时间内，西方艺术观念发生了质的飞跃，显示出与过去彻底告别的态度和立场。人们习惯于把这一阶段的艺术称为"现代艺术"，学术界则更准确地称之为"现代主义艺术"。[1]

（1）关于"现代主义"

现代主义作为一种文化思潮和艺术运动，起源于19世纪末的欧洲，后来在世界范围传播开来，是特定历史阶段西方世界社会矛盾和人们精神状态在文艺领域的反映。一般说来，对现代主义的一般化的概述并不难获得，而关于现代主义的精确定义则始终难下定论。这是由于"现代主义"一词涉及西方社会的诸多领域，具有很强的开放性、复杂性和模糊性，不同领域的学者都可以从不同的角度对其进行界定，得出的结论也不尽相同，因此迄今也没有得出一个普遍公认的精确定义。正如《现代主义概念》一书的作者埃斯坦森（Astradur Eysteinsson）所言："现代主义是一个让人最无法容忍的含混不清的词。"[2]据史料考证，"现代主义"这一概念产生于18世纪欧洲古今之争的高潮中，主张尊古的一派把它用来嘲讽对方，斥之为"现代主义"派。[3]但这仅仅是"现代主义"一词的起源，与现在所说的"现代主义"概念已经相去甚远。

福克纳在他的《现代主义》一书中回顾了"现代主义"这一术语的使用，他指出，"'现代主义'这个术语在20世纪20年代开始逐渐摆脱那种对现代作品抱有同情态度的一般意义，具备了与艺术中的试验活动相联系的具体意义。"当批评家们回顾20世纪前期文学的时候，他们都注意到当时文学运动的独特性及整体性，发现那时的艺术作品有很多的相同之处，于是，他们便感到颇有理由赋予它们一个单独的批评术语。虽然他们先后采用过"现代的"、"漩涡运动"、"意象主义"等词语，但都没有得到推广。直到20世纪60年代，"现代主义"才适应人们的需要而出现。到了1971年，在《英国文学史的范围》一书中，特别是在伯纳德·伯根兹（Bernard Bergenzi）的开卷文章《现代主义的到来》中，"现代主义"已被随意地加以应用了。[4]

实际上，"现代主义"这一术语虽然缺乏确切性，但是具有较大的包容性：它既可以是一个时间概念，突出了时段性；也可以是一个质量概念，突出了它所涵盖的文学艺术流派的新颖的、与传统不同的特质。所以，该术语一经提出便十分畅行。[5]在20世纪，现代主义已经渗透到西方文化艺术的方方面面，不论是在文学、绘画、雕塑方面，还是在建筑、音乐、舞蹈等方面，现代主义都获得了自己实质性的成就。在每个不同的领域里，它都有特别的内容和观念。现代主义对一切传统的东西加以怀疑和否定，在全新的基点上去重新感受、理解、阐释和表达。它以全新的力度在不断演变的世界中冲击着生活的各个方面，改变了传统的思维方式、欣赏习惯与评判标准，最终转化为现代人的一种生活态度，使世界面貌产生了巨大变化。[6]

（2）现代主义艺术形成的原因

马克思主义哲学认为，事物的发展是外部原因和内部原因共同作用的结果，其中外因通过内因起作用。现代主义艺术的形成也有其外部原因和内部原因。外部原因包括社会经济、政治、科技、文化等方面的发展，它们为新的艺术形式的出现提供一定的社会土壤；内部原因则主要是指艺术发展的内在逻辑和规律，即艺术家在对以往艺术总结、反省、批判的过程中探索新的艺术形式和表现方式。这两方面原因在艺术的变革与发展中总是相互依存的，正如豪泽尔（Arnold Hauser）在《艺术社会学》中所说，"我们不可把艺术创造的主观冲动、表达的意愿和才能与社会条件分离开来，我们也不能从社会条件中引出主观冲动来。"[7]

1）外部原因

政治经济方面：社会的政治经济趋势决定了每个时代的思想文化运动，并给予这些运动以种种影响。[8]尽管社会政治经济条件并不直接导致艺术风格的形成，但艺术作品却不能逃避这种无形环境的影响，它往往从整体上掌控着一个时代的艺术风格和时尚。在封建社会中，宫廷、教会和贵族掌握着艺术的主导权，他们维系着艺术风格和艺术思想的稳定发展。而从 19 世纪以来，工业革命使西方的政治经济结构发生了翻天覆地的变化。国王被废黜，或者只是作为国家象征而存在；贵族逐渐没落，市民构成了社会的主导力量；教会的权威被削弱，世俗的利益和兴趣引导着人们的生活。原先为艺术家提供庇护和资助的体系逐个瓦解。这一方面使得艺术家失去了稳定的庇护，必须形成自己的鉴赏力，从而在市场中争取他们所需要的顾客；另一方面也使得艺术家不再受到特定群体的支配，从而获得了表现自我对艺术理解的自由，这就为艺术的变革提供了必要性和可能性。

科学技术方面：科学技术是生产力中最活跃的因素，它不仅改变着人们对自然的认识，而且直接或间接地冲击人们对社会、对美、对艺术的理解。贡布里希在《论风格》一文中就将技术进步作为引起艺术风格变化的主要力量之一。[9]一方面，新的科学技术重建了人类的生活环境，使人们意识到要用一种新的观念、新的眼光来认识世界。工业革命所创造的现代工业环境给人们带来了新的视觉经验和价值观念。机器、车辆、摩天大楼及各种设施为适应工业化大生产的要求，全部都采取了硬质结构和几何形态，这种环境视觉效果使人们逐步改变了传统欣赏习惯，开始领略一种具有现代风格的视觉经验。此外，19 世纪末出版的科学著作已经提出了二度以上的空间概念，爱因斯坦的相对论也广为流传，这一切都开拓了艺术家观察事物的视野。艺术家们体验到从飞机上往下看、从火车上往外看、用显微镜和望远镜看等不同方法和视点观看到的对象不一样，于是争相用平面去表现二度、三度、四度等多度空间，从而为新的造型观念和手段开辟了广阔的天地。[10]

另一方面，新的科学技术为人们提供了新的媒介，这些媒介使得传统艺术的功能被逐渐消解。在科技还不发达的时代，艺术被当作认知世界的手段，绘画就是要描绘出一种真实的客观相等物。摄影术的发明使人们得到了造型艺术的廉价替代品，也减免了艺术的视觉辅助功能。科学技术带来的迅猛变化，使艺术家感到运用传统的艺术方式来把握世界，只能是在纷繁迅变的现实面前茫然无措。于是艺术家抛开对具体现实的模仿，尝试运用抽象、变形、重构的新方法来探求现实的本质。

思想文化方面：工业革命以来，随着科学技术的不断发展，在传统文化中高居于众生之上的"超验本体"被拉下神坛，资产阶级为了维护以私有制为核心的个人利益，也极力否定传统，提倡"自由"，强调"自我"。原本支配世间万物的精神中心消失了，世间万物拥有了自我决定的权力，这就使得个性得到极大的膨胀。

支配整个社会和生活的精神中心的消解，意味着传统文化赖以生存的内在支柱的坍塌，这也引起西方哲学思潮的根本转变。现代西方哲学一反传统哲学对客体的重视，而将着眼点和研究中心从寻找世界的本质到底"是什么"转向了求索人的精神世界究竟"怎么样"。叔本华（Arthur Schopenhauer）将康德（Immanuel Kant）的"现象世界"转变为"我的表象"，彻底否定了客观存在，同时又把康德的"物自体"转变成主观意志，从而把世界划分为表象和意志两个方面，并把世界的本原归结为"我的意志"。[11] 尼采（Friedrich Wilhelm Nietzsche）接受了叔本华的唯意志论观点，并将生命意志置于理性之上，提出了强力意志说。他把这种强力意志看作生命的本质、世界的本原、人类文化的发源地。到了伯格森（Henri Bergson）那里，世界的本质、本原被看作是一种"生命冲动"，而这也是叔本华所说的"意志"和尼采所说的"强力意志"的演化。[12] 伯格森认为，"生命冲动"的过程无规律可循，神秘莫测，凭理智与科学无法认识，只有通过"直觉"才能把握。历史唯物主义认为，虽然各种社会意识形态的基本形式各自独立地发展，但它们之间又是相互影响、相互依存的。因此，现代西方哲学对人的精神世界和个体"自我"的极端重视，对西方的艺术也产生了极大的影响，深深地影响了艺术家的价值取向和艺术使命感，为西方艺术观念从强调模仿、重视现实世界转向着眼于人的主观世界的表现提供了思想依据。

2）内部原因

如果说外部原因是事物发展变化不可缺少的条件，那么内部原因则是事物发展变化的根据，规定着事物发展的趋势和方向。就艺术而言，经济、政治、科技、文化等方面的发展为现代主义艺术形式和风格的出现提供一定的社会土壤，但现代主义艺术究竟以何种艺术形式和风格出现则要依赖艺术自身的内在逻辑和规律。李格尔（Alois Riegl）认为，艺术形式的变化来自形式本身的冲动，因此他引进了一个目的论的概念——"艺术意志"，这个词意指艺术家或某个时代所面对的艺术问题以及企图解决这些问题的明确的、有目的性的冲动。[13] 李格尔的理论虽然因为排斥外在因素对艺术发展的影响而具有缺陷，但是却将艺术发展的原因从影响艺术作品的外在力量转向艺术家个人的创造性行为本身。

实际上，艺术的发展所依赖的内在的逻辑和规律既体现在艺术家总是在总结、反省以往艺术的过程中发展自身，也体现在艺术家在对既有艺术形式和表现方法不满的过程中探索新的表现方式。美国的现代艺术批评家格林伯格（Clement Greenberg）认为，到 19 世纪中期，欧洲社会已进入一个文化停滞期，其显著的标志就是这种文化已不能接受新事物，成为一种停滞不前的学院主义。千百年来，艺术家为了达到形似、逼真的目的，总结了一系列造型的方法和规律。尤其到了文艺复兴时期，科学的发展更大大扩展了人们的认识领域，艺术家把解剖学、透视学、色彩学等知识都应用到艺术创作上，在达·芬奇、米开朗琪罗等人的笔下，准确细致地描绘客观事物的真实形态，已不再是困难的事情。到了 19 世纪，印象主义画家对于色彩反射光的探索以及对于无拘束笔触效果的实验，使得真实世界中的所有事物都可以成为绘画的主题，这种致力于视觉印象摹写的艺术所具有的一切问题似乎都已得到解决。[14] 但艺术毕竟不是科学，所以当艺术家把科学知识充分运用在艺术创作中，达到作品与科学的认识在很大程度上相一致的时候，艺术家就不再甘心满足于对物体的科学性的分析和对细节详尽无遗的表现。

以塞尚（Paul Cézanne）为代表的后印象主义者对于"作品就是模仿一个可见对象"这一长久以来人类一直遵从的艺术定理提出了质疑。他们这一代人把人对形象的自由创造的过程和方法，抬高到模仿造型的结果之上，从而深刻地影响了此后的各艺术流派，逐渐使绘画成为一个独立的事物，而不再是对其他事物的映照。[15] 此外，科学技术的高度发展在传播和交流方面缩短了时间和空间的距离，并大大扩展了人们的视野。人们认识到，欧洲文明不再是统治一切的文明，取而代之的是世界性文化。这使得欧洲文化精英们把目光转向非欧化的文明，希望从其他民族的文化中汲取活力。以马奈（Edouard Manet）为代表的许多印象派画家将日本的浮世绘版画作为重要参照，在不同程度上吸收了日本版画的一些造型因素，开始以一种平面的色块和轮廓线取代传统油画的立体感，从而为最终脱离学院派传统找到了一块跳板。后印象派画家高更（Paul Gauguin）则远赴南太平洋上的塔希提岛，从那些更具原始性的土著文化中感悟艺术的活力，并且从这些更能表达感情的形式背后看到了人生与文明的价值。立体主义代表人物毕加索（Pablo Picasso）也是从非洲原始部落雕刻的处理形态的方法中获得启发，从而发现了苦苦思索而未曾找到的形式。早期现代主义艺术家为了摆脱传统，创造新的艺术形式，广泛地从世界各民族的艺术中吸收养分，探索形式语言的多种可能性，这些都构成了西方现代主义艺术形成的内在动力。

（3）现代主义艺术的特点

现代主义艺术的形成和发展，从根本上改变了传统艺术的诸般原则，这场革新总体来说表现出以下几个方面特点：

1）写实让位于抽象

西班牙哲学家奥尔特加（Jose Ortega Y Gasset）认为，19 世纪及其以前的艺术，在某种意义上说，都是写实的艺术，即使是那些以奇特甚至富有幻想的形象出现的浪漫主义艺术，也仍然是写实的。[16] 之所以这样说，是因为这些艺术所描绘的是我们熟悉或者我们可以用自己的日常经验加以辨识的世界和事物，无论它有多么的新奇和独特，我们都可以理解这样的艺术表达。从这个意义上说，它们都是"写实的"。然而，西方从古希腊到文艺复兴时期所构筑起来的以客观、写实为特征的艺术原则到 19 世纪 70 年代却走到了尽头。从塞尚、凡·高（Vincent Willem van Gogh）、高更到马蒂斯（Henri Matisse）、毕加索、康定斯基（Vasily Kandinsky）为代表的各种艺术流派，在创作中越来越多地采用更加概括、更加抽象的形式，来表现对象的重要特征与自己对于对象的深刻认识。渐渐的，他们使艺术从忠实于客观世界的模仿转变成为艺术家寻求线条、色彩、体块等要素在画面上的抽象组合，并演化为一种不可逆转的趋势，终于实现了人类艺术感知在视觉领域中的一次大解放。

2）再现让位于表现

西方传统艺术以追求某种生动的形式和效果为目标，以逼真地模仿世界、描绘世界为出发点，这样所形成的关于艺术的本体论的观念支撑着艺术在过去许多世纪中的不断进步和发展。现代艺术不再以追求视觉真实和"逼真"地再现现实为艺术的目的和最高价值，转而认为表现、揭示人的主观精神世界才是整个艺术活动的要旨，艺术应对客观世界进行主观再调整，并通过这种再调整深刻地表达出人的内心世界中错综复杂的最高真实。贝尔（Clive Bell）就认为，"一个以现实事物的形式构成的优秀的构图，无论如何都会减低自己的审美价值。" [17] 在现代艺术的发展过程中，无论哪一个流派，哪一个人的风格，其本质在艺术上都是"表现"二字。"表现"带出内容，带出了"精神性"，"表现性"成为现代艺术总的本质。[18]

  3）内容让位于形式

  由于美与艺术被看作是主体心灵（情感、意志、欲望、幻觉、潜意识等）的表现，这种表现同对外部世界的模仿无关，因此如何创造出与主体独特的心灵表现相适应的形式就成了艺术活动的重要内容。[19] 这种对形式的重视，是历史上前所未见的。在一个现代主义艺术家看来，任何题材都不过是研究怎样使色彩和图案达到平衡的一个机会罢了。比如塞尚的静物画只能理解为一个画家为研究他的艺术中的各种各样的问题而作的尝试，而立体主义则接着塞尚的道路走下去。以后越来越多的艺术家认为，艺术天经地义就是重在发现新办法去解决所谓"形式"问题。如此一来，现代主义艺术从"画人"、"画物"步入了一个"画画"的历史阶段。美国学者克莱门特·格林伯格说："在欣赏古典派大师的作品时，看到的首先是画的内容，其次才是一幅画；而在欣赏现代派的作品时，看到的首先是一幅画。" [20]

2.1.3 绘画和雕塑艺术的革新

  在视觉艺术领域，绘画艺术通常是艺术新思潮的领导者，因为绘画艺术的创作最少受到材料、技术、社会与经济的限制，其创作的题材也比较自由，因而最容易形成创作思想和创作方法上的革新。雕塑艺术往往紧随其后，在形式和思想上常常反映出绘画艺术的革新。西方绘画和雕塑艺术在经历了 19 世纪的摸索之后，从 20 世纪开始全面走上革新的道路。艺术家们从根本上颠覆了西方传统的艺术形态，提出了新的观察和表现世界的方法。

  这些持续不断的艺术革命大体上是沿着 19 世纪末期已经渐趋明朗而又相互对立的两条路线前进：

  一条是由塞尚启发的理性的、分析的倾向，力图在形式上找到所谓的真实。这条路线是现代工业社会，尤其是机器时代造型特征的反映。19 世纪末，当机器开始显示出神奇威力的时候，人们对工业文明怀有浪漫的憧憬。以机器为标志的工业生产也迫使大量人口离开乡村，涌入城市，原来那种田园牧歌式的自然风光与人们日渐疏远，取而代之的是由直线、对角线、弧线等几何线条构成的都市环境，这种环境给人们带来了新的视觉体验。塞尚就提出"用圆柱体、球体、锥体处理自然"，毕加索和布拉克（Georges Braque）则从塞尚的绘画中获取灵感，把熟悉的物体解体变形，重新组合为新的多层面、多视点、错综复杂的画面，从而开创了"立体主义"绘画。俄国至上主义和构成主义在绘画、雕塑方面的探索也创造了一种全新的抽象化过程，表现了20世纪的工业、科技向艺术领域的渗透。第一次世界大战之后出现的荷兰"风格派"认为，最好的艺术应该是基于几何形体的组合和构图，并主张要在纯粹抽象的前提下，建立一种理性的、富于秩序和完全非个人的绘画、建筑和设计风格。这一路线的探索和试验开发出大量的抽象几何形式，这些形式体现了工业时代的文化和审美特征，对丰富20世纪景观设计领域的形式语汇产生了极为深刻的影响。

另一条路线是由高更和凡·高启发的主观的、强调直觉和自我表现的倾向，它导致了更为深入地发掘和表达艺术家内心直觉和情感的倾向。德国表现主义继承了高更与凡·高等艺术家的美学成果，表现主义画家由于强调自身主观精神和感情表现，经常对客观形态进行夸张、变形乃至怪诞地处理。德国表现主义主要由两个集团组成：德雷斯顿的"桥"社集团和慕尼黑的"青骑士"俱乐部。"桥"社成员描绘自然和城市中变化多端的世态百相，其画面总带着一股愁闷和空虚的气氛。"青骑士"集团的表现主义则采用了较为抒情的抽象语言。他们对不可见的内在精神比对于可见的外部世界更感兴趣，并希望给这种内在精神以一种可见的形和色，从而把艺术和深刻的精神内容融为一体。"青骑士"的主要成员康定斯基是现代抽象艺术的开创者之一，他在绘画中尝试将音乐的韵律融入抽象的形式，用不同粗细、色彩的线条和块面表现出一种浪漫而抒情的构成韵味。后来，他加入了德国包豪斯学院，他的绘画创作和对抽象艺术的理论总结对于现代设计产生了深远影响。在两次世界大战之间形成的达达主义和超现实主义，是这条艺术路线的延续，对二战以后的艺术产生了深远的影响。

2.1.4 建筑艺术的革新

（1）建筑艺术革新的背景

西方的传统建筑形式主要来源于教堂、宫殿以及贵族庄园等，而19世纪中期以后，这些建筑类型已经随着工业化的飞速发展以及社会生活的多层面变化日渐没落，取而代之的是大量公共建筑如车站、商业大楼、办公大楼、图书馆等。这些建筑在功能上与传统建筑有着很大的差别。如何按照建筑物的功能要求来确定它们的结构与外观，是摆在建筑师面前的一个重要问题。同时，工业革命所带来的新材料和新技术也促使有思想的建筑师们思考如何利用它们创造出新的建筑形式。钢、铁、大型玻璃板这些材料的产量大幅提升，而传统的建筑形式对这些材料的需求却十分有限。此外，现代艺术在进入 20 世纪后蓬勃发展起来，各种艺术流派和创作思想层出不穷，也推动了建筑艺术的全面革新。

（2）现代主义建筑风格的形成

虽然从 19 世纪中期以后，欧洲一些建筑师就开始探索新的风格，比如帕克斯顿为伦敦世博会设计的"水晶宫"，韦伯（Philip Webb）为莫里斯设计的住宅"红屋"，但大规模的探索则从 19 世纪末期开始。

在美国，由于 1871 年的一次大火，芝加哥的城市重建变成极为紧迫的问题。为了在有限的城市中心区建造尽可能多的房屋，建筑师们开始大量采用钢铁框架结构建造高层建筑，形成了简洁实用的建筑外观，体现了工业时代的精神，并由此形成了著名的建筑学派——芝加哥学派。学派的代表人物沙利文（Louis Sullivan）提出了"形式追随功能"的口号，强调根据建筑物的功能来确定它的整体结构和外观，为功能主义的建筑思想开辟了道路。另一位美国建筑师赖特（Frank Lloyd Wright）同样在建筑造型上探索着新的风格。他善于采用层层叠叠的水平线条和简洁的几何形式，不仅使建筑的外观简洁大方，而且与环境融为一体，形成了富有诗意的"草原式住宅"。（图 2-1）同样的探索也出现在正逐渐强大起来的德国。1907 年，德国成立了旨在提高工业制品质量的"德意志制

图 2-1　罗比住宅

造联盟"（Deutscher Werkbund）。彼德·贝伦斯是联盟中著名的建筑师，他认为建筑应当是真实的，现代结构应当在建筑中体现出来，这样就会创造出新的建筑形式。他为德国通用电气公司设计的透平机制造厂房与机械车间造型简洁，摒弃了一切不必要的附加装饰，被西方建筑界称为第一座真正的"现代建筑"。[21]

第一次世界大战以后，由于建筑功能日益复杂，层数和体量日渐增长，复古主义和折中主义建筑越来越难以满足新时代的需要，于是建筑艺术的革新在西方各国广泛开展起来。此时，绘画、雕塑艺术上革新正延续着一战前的强劲势头，艺术革新中的许多成果都被新建筑运动所吸纳，出现了"表现主义"建筑、"风格派"建筑等建筑形式。1919 年，德国建筑师格罗皮乌斯（Walter Gropius）组建了包豪斯学院，吸收了康定斯基、保罗·克利（Paul Klee）等一批先锋艺术家来到学院，他们在教学中强调自由创作，反对墨守成规，强调艺术门类之间的交流，使包豪斯成为集当时设计、建筑、艺术思想之大成的中心。包豪斯师生在建筑形式的探索中，从满足实用功能出发，注重发挥新材料和新结构的技术和美学性能，发展了造型简洁、构图灵活的建筑风格。在包豪斯存在的十多年间，依靠学院师生的努力，从人才上、作品上，尤其是从观念和理论的更新和发展上，为现代主义建筑和设计的广泛传播奠定了基础。

1927 年，德意志制造联盟在斯图加特的魏森霍夫（Weissenhof）举办了一次住宅建筑展览会，会上展出了五个国家十六位建筑大师设计的住宅建筑。尽管各设计师的思想并不完全一样，但在建筑风格上表现出统一的趋向。这些建筑大都强调功能，采用没有装饰的简单几何形体、素雅的色调、灵活的门窗布置、较大的玻璃面积，表现出朴素清新的外貌，成为 20 世纪初期新建筑风格探索成果的集中展现。这次展览通过纽约现代艺术博物馆的设计部负责人约翰逊（Phillip Johnson）和建筑评论家希契科克（Henry-Russell Hitchcock）两人介绍到美国，而他们两人也意识到这次展览中的建筑风格具有非民族化的面貌和潜在的国际影响力，因而将这种风格命名为"国际式风格"。[22] 二战结束之后，这种风格果然在世界范围内广泛流行，成为现代建筑的主流设计风格。

（3）现代主义建筑的特征

到了 20 世纪 30 年代，西方现代主义建筑基本有了比较完整的理论观点，产生了一批有影响的建筑实例，又有了包豪斯的教育实践，在风格上也逐渐表现出某些共同的特征：

第一，强调建筑功能对于形式的约束力，以功能而非形式作为建筑设计的出发点，去除一切不必要的外部装饰，反对套用任何历史风格，建筑之美不再通过外部装饰来表现，而是通过建筑本身的结构、比例和虚实关系来表现。

第二，打破中轴对称的构图法则，采取灵活的不规则的布局构图，使得建筑的空间和体量取代立面构图成为建筑艺术处理的重点，形成了灵活自由的建筑造型。

第三，注重建筑的经济性，尽可能争取合理化和标准化所带来的最大效益，这也是"国际式风格"得以盛行的重要原因。

2.2　20世纪后半期的西方艺术

2.2.1　时代背景

20世纪60年代，西方国家经济发展进入了一个高速增长期，西方社会呈现出一派繁荣乐观的景象。然而，过于信赖工业时代的技术力量及其对于推动社会发展的作用，使得西方国家开始面临从未想象到的种种问题与困境。20世纪70年代起逐渐突出的城市问题、环境破坏问题、能源危机问题以及第三世界问题等等，共同引发了关于科学技术的作用、进步的概念、文化与技术的相互关系以及生态环境等人类重大问题的重新认识。人们还认识到，20世纪西方现代化力量的扩张也削弱了许多国家、地域和种族间的差异性，导致了文化传统的破坏。后现代主义文化开始关注这些问题，并试图将被西方主流文化所淹没的或在传统中从未发出的声音传达出来，同时对现代主义所建立的思想与文化开始提出质疑与批判。

20世纪70年代以来，西方的艺术与建筑都进入了一个"现代主义"之后的时期，这是一个对现代主义进行反思和重新认识的时期。艺术家们开始对自己的艺术立场进行反省，逐渐意识到现代主义艺术的自我中心性质造成艺术与大众文化相分离；建筑师们也认识到，流行了30年的国际式风格造成世界建筑日趋相同，地方特色、民族特色逐渐消退，建筑和城市面貌越来越单调、刻板。这些都促使后现代主义思想在艺术和建筑领域的发展。

2.2.2　文化思潮的转变

20世纪后半叶，随着科技和经济的迅速发展，西方发达国家的生产力和人民生活水平有了大幅度提高，社会结构也逐渐由工业社会向"后工业社会"或信息社会过渡。这个时期，由于政治、经济和社会等方方面面的变化，各种文化哲学理论都陷入争执和论战之中，各种理论群体和流派异彩纷呈，各种文化（艺术、文学、美学、哲学等）倾向更迭汰变。随着一次次理论的撞击和兼容，后现代主义逐渐崭露出自己的头角，并迅速成为 20 世纪后半叶的重要文化思潮。

一般说来，后现代主义思潮是后现代社会（后工业社会、信息社会、晚期资本主义等）的产物，它孕育于现代主义的母胎之中，并在二战以后与现代主义分离，开始渗透到整个西方文化艺术领域。[23] 和"现代主义"一样，"后现代主义"一词同样具有很强的抽象性、模糊性、不确切性和矛盾性。作为一个文化术语，它正式启用于 20 世纪的 60 年代中期，先在建筑领域中使用，继而波及绘画、文学、社会学以及哲学领域。[24] 在对"后现代主义"的研究和使用中，人们又根据自己的理解和需要对这一概念不断进行修正、补充，这也使其内涵越来越大。

后现代主义思潮在西方社会兴起的原因很多，主要表现在以下三个方面：

首先，战后经济的发展带动西方社会进一步由生产型向消费型转换，这带来了人们价值观的转变。在以生产和积累为中心的社会中，人们倡导辛勤工作和储蓄，并以消遣娱乐为耻；而到了消费型社会，消费成了道德上肯定的正面价值，受到提倡和鼓励。[25] 因为随着大量的物质财富的生产，不消费掉，就会造成浪费并影响再生产，所以传统的节约、俭朴的美德不仅变得没有意义，而且阻碍经济的繁荣，这使得传统的价值观念遭到极大冲击。

其次，随着消费主义价值观的传播，资本逻辑、商品法则也渗透到人们的文化生活，带动了大众文化的兴盛。消费逻辑能够把任何经典文化、高雅文化或精英文化产品拿来消费一番，消解其经典性、高雅性和精英性，从而把文化变成一个具有商业性质的消费领域，使文化产品成为人人都能享用的消费品，使大众文化得到前所未有的发展。可以说，消费主义起主导作用的社会，必然同时是大众文化起主导作用的社会。[26] 大众文化的兴盛，也标志着 20 世纪西方文化新的裂变。

第三，战后资本主义国家科学技术发展迅速，电子、信息、光纤通信技术等高科技领域取得了长足的、实质性的突破。科技对文化产生了两个方面的重要影响：一是，大众传媒的普及使文化无处不在，文化得到了前所未有的广泛传播；二是，科技的迅猛发展使得文化更加容易地根据人们需求进行复制和制造，各种文化产品泛滥，严重动摇了文化的神圣和高雅的地位。

正是在这样的社会文化背景下，后现代主义文化以不同于传统和现代主义文化的面貌登场。

2.2.3　后现代主义艺术的兴起

现代主义艺术是西方工业文明的产物，它对于 20 世纪西方社会各个方面的影响和贡献是巨大的。现代主义思潮对技术未来的坚信，对人类进步、客观真理的信仰，促使艺术不断地被创新、超前和现代的观念塑造着。工业文明社会的观念，使艺术家更加具有自由、自发、独立的思想状态。他们强调自我表现，不断挑战传统，创造出一批又一批杰出的艺术作品，取得了巨大而丰富的艺术成就。

而当西方社会从工业社会向后工业社会转型，各种新的问题在政治、道德、文化、艺术等各个领域、各个层次表现出来，使得西方社会的文化氛围和思维逻辑产生了巨大的变化，后现代主义思潮日益高涨。20世纪初的现代主义艺术流派的实践，已无法充分表达当代社会的思想感情。艺术家们开始对自己的艺术立场进行反省，逐渐意识到现代主义艺术的种种弊端：无穷尽的形式探索走向极端而与生活断裂；"纯艺术"的独往独尊逐渐丧失了社会的亲和力，艺术的自我中心性质所产生的高高在上的"高雅艺术"与大众的文化消费相脱节；完善的理性秩序和逻辑结构，一切都经典化、标准化，又产生了新的文化权威和专制。

既然现代主义的整个文化形态与当时西方已进入的后工业社会背道而驰，那么文化裂痕的出现是必然的。艺术作为调解人类与世界的工具，必然要随着世界的变化而变化。现代主义艺术对形式和自我表现的一味追求，已经使其丧失了与生活的对话能力，而转向形式和语言的游戏。面对一系列新的社会问题，现代主义艺术显得无能为力，加之它内部诸多流派的松散组合的离心力以及自我发难和颠覆，加速了现代主义艺术运动的解体。面对这样的现实，吉姆·莱文（Kim Levin）的结论是："这种人为形式的创制再不能解决这个各方面都蒙受着技术冲击的世界中的所有问题。在一个不单一的世界中，纯粹化是不可能的，现代主义已经死了。" [27]

在建筑领域，现代主义建筑运动在相当一段时期里被认为是抛弃旧世界、建立新秩序的发展必然。但这一运动在二战之后最终发展成为漠视场所气候、文化和环境的"国际式风格"，并通过成千上万的"玻璃盒子"在世界各地体现出来。① 作为思想者的建筑师忽略了居住者的情感需求和地方的文化传统，他们将自己的建筑思想和社会理想强加于使用者之上。所以，现代建筑在20世纪60年代遭到了广泛的批评，现代主义建筑的"形式服从功能"、"少就是多"诸原则均受到各种诘问，现代主义的合法性在建筑领域也出现危机。

---

① 随着战后美国资本与技术向世界各地的渗透与传播，各种基于标准化体系建造的、往往是框架与玻璃幕墙组合的、简洁光亮而又轻盈的"国际式风格"建筑也向各个国家和地区传播。尤其在一些发展中国家，这种风格的建筑更是作为现代化的幻景而迅速成为新时代的城市纪念碑，更替着城市的传统建筑，改变着原来的城市面貌。

20 世纪后半期，随着科学技术和经济的迅速发展，西方社会进入后工业化时期，同时现代西方艺术也经历了一次新的裂变。现代科技文明在创造了巨大的物质财富的同时，也导致了工具理性的畸形发展与人文精神传统的萎缩。高速的工业发展和消费、向自然的无限索取导致了环境污染、生态破坏，加之动荡不安的世界政治经济形势，使得人类面临严重的生存危机。同时，大众文化和消费经济对于强调精英性的现代主义艺术产生了巨大的冲击，使得现代主义艺术日益丧失自己的领地。这些都迫使艺术家们重新思考：艺术还能做什么？艺术家在现实社会中的角色是什么？他们开始渐渐相信，艺术的出路在于走入社会、走进尘世间、回到大众之中，在于参与生活、关注生存环境、关注现实的生存状态并向当代社会提出质疑。

　　从"生活就是艺术"、"人人都是艺术家"这些颇有些煽动性的口号中，我们不难发现，当代艺术家们正在极力地试图打破艺术与生活的界限，努力将原本居于象牙塔中的艺术延伸到人类生活的各个角落。这极大地消解了现代主义艺术那种清教徒式的贵族面孔，使艺术呈现出一种超越边界的无限开放的姿态。现代主义艺术所强调的形式不再重要，而"生存"、"生活"却成为关注的焦点，艺术也由现代主义时期的美学革命转变为后现代主义时期的思想观念的革命。

　　实际上，当现代主义艺术在自己的道路上取得丰硕成果的时候，就已经埋下了后现代主义的种子。早在 1917 年，当杜尚把一个小便池送到艺术品的展览会场时，他就在思考艺术的本质问题。他发现艺术可以是任何物体，只要它能产生一种象征感情的作用。进入 20 世纪下半叶，杜尚和达达主义对社会主流意识形态的反叛、对艺术体制和规则的挑战、抹杀艺术和生活界限的行为，逐渐成为后现代主义艺术领域中最基本的法则。[28] 各个艺术流派都在尝试消化和延伸这种艺术思想，例如波普艺术走进生活、观念艺术反对形式、偶发艺术反对理性、过程艺术反对风格、涂鸦艺术面向大众……这一切逐渐消解了不同艺术门类之间、艺术与生活之间、高雅与通俗之间恒定的界限，摆脱了一系列已成为新传统的现代主义信条和框框，形成了后现代主义艺术多元复杂、异彩纷呈的景象。

　　西方建筑艺术中的后现代主义与学术界所讨论的后现代主义的种种理论有一定的关系，但又不完全一致。它主要是指 20 世纪后半叶开始，由部分建筑师和理论家以一系列批判现代主义建筑的理论与实践而推动形成的建筑艺术思潮，它既出现在西方世界开始对现代主义提出广泛质疑的时代背景中，又有其自身发展的特点。

　　美国建筑师罗伯特·文丘里 (Robert Charles Venturi) 的两部著作反映了战后

西方建筑艺术观念的重要转变。1966 年出版的《建筑的复杂性与矛盾性》着眼于建筑本身的设计范畴，对现代主义建筑的技术理性排斥建筑所应包含的矛盾性与复杂性进行了批判，提倡要向历史吸取经验；而在 1972 年出版的《向拉斯维加斯学习》中，他将视线转向通俗的大众文化，强调美国的商业景观对于改造刻板的国际式风格有重要作用，体现了当时西方后现代主义文化艺术思潮的影响。建筑理论家查尔斯·詹克斯(Charles Jencks)在1977年出版的《后现代建筑语言》使"后现代主义"在建筑艺术中形成了完整而有体系的观念。他借用了结构主义语言学的语汇，宣称后现代建筑的特质是具有"双重译码"，它至少应同时在两个层次上表达自己：一层是对其他建筑师以及一小批对特定的建筑艺术语言很关心的人；另一层是对广大公众、当地的居民，他们对舒适、传统房屋形式以及某种生活方式等问题很有兴趣。[29]

2.2.4 后现代主义艺术和现代主义艺术的关系

后现代主义艺术是西方资本主义社会由工业社会向后工业社会转折的历史产物，是这一社会转型在思想文化层面上的反映。后现代主义艺术包罗万象、十分复杂，它将大众的世俗文化与知识分子的精英文化融合起来，将消费性文化和消解性文化融合起来，将商业动机和哲学动机融合起来。[30] 后现代主义艺术往往采用荒诞、反讽、拼贴、嘲弄、游戏等多种手法，来突破传统艺术以及现代主义艺术的审美范畴。概括说来，后现代主义艺术和现代主义艺术的区别主要体现在下列几个方面。

第一，现代主义艺术体现出精英性，后现代主义艺术则体现出世俗性和大众化。如前文所述，精英性是现代主义的重要特征。现代主义者有着强烈的精英意识，而现代主义艺术也正是在对大众的逐步疏离的过程中，为自身建立了一条完全自律的、排他的纯粹性体系。现代主义艺术作品大多晦涩难懂，富有哲理性，需要欣赏者有相当高的文化水平和艺术修养方能理解，所以现代主义艺术一直属于为数不多的人群的领地。现代科技和大众传媒加速了文化的空前扩张，文化的泛化即大众化使得艺术逐渐失去了边界。后现代主义深受资本与商品逻辑影响，它真正推崇的是大众文化，艺术创作也追求一种平面感，反对向深度挖掘，使艺术体现出世俗化、大众化、消费化和商品化的倾向。正如杰姆逊所言，"现代主义的特征是乌托邦的设想，而后现代主义则是和商品化紧紧联系在一起。" [31]

20 世纪 50 年代，艺术家就开始用生活中废弃的现成品来加以拼装成雕塑，体现了艺术向世俗生活的回归。而后出现的波普艺术则以大量复制、大众消费、广泛传播、刺激感性、短暂易逝等为特征，进一步模糊了艺术和生活的界限。正如理查德·汉密尔顿（Richard Hamilton）的代表作《是什么使今天的家庭如此不同，如此吸引人？》中所表现的那样，电视机、录音机、吸尘器、广告画、网球拍、沙发等，这些物品都是现代家庭日常生活中最常见的，大众消费的意味清晰可见。（图2-2）安迪·沃霍尔（Andy Warhol）以超级市场中的名牌产品，如可口可乐瓶等，采用重复排列的手法表现出来，使作品如同超市的货架和机器的产品，

图2-2　是什么使今天的家庭如此不同，如此吸引人？（汉密尔顿，1956年）

以应和消费社会的现实。于是，在后现代主义世界中，艺术成了一个人人、事事都可以出入的地方，艺术以一种无所不包的姿态进入我们生活的空间。

　　第二，在人的主体性问题上，现代主义艺术具有鲜明的自我为中心的特点，强调弘扬个性和表现自我；而后现代主义则突出自我怀疑，强调主体丧失，反对一切中心。现代主义艺术和工业文明的哲学基础都是建立在主客二分的哲学模式和"人类中心主义"原则之上的，现代主义艺术的精神气质正好是工业文明的本质特征——以自我为中心。但是主客二分的哲学模式人为地把完整的世界分裂为主体与客体，并把主体置于至高无上的地位，最终导致人与历史、与社会、与自然的联系被割裂，从而引发人类自身的生存危机。被誉为"后现代艺术之父"的法国艺术家杜尚（Marcel Duchamp）就曾说过，"我们太看重自己了，我们以为自己就是这个地球上的主宰，我对这一点非常怀疑。"[32]所以，后现代主义从西方人自身的生存立场出发开始了反省，以前被否定的东西开始得到接受，并开始试着用联系的整体的观念来代替孤立的个体观念。艺术开始评价传统、接受社会、关心生活，努力缩短艺术和现实的距离，这和现代主义完全注重艺术本身的形式和语言的独立形成鲜明的对比。

　　德国艺术家约瑟夫·博伊于斯（Joseph Beuys）就认为必须赋予每个人享受艺术的权利，并提出"人人都是艺术家"的口号，进而还提出"社会雕塑"的理念，把社会价值观、人性、道德、法律等都纳入雕塑的体系，表现了艺术对于

生活和社会的强烈关注。而大地艺术则表现了艺术家对于被人类破坏的自然环境的关注。大地艺术家通过表现出人与大自然之间一种平等的对话，来重申大自然及其力量的完整统一。现代主义建筑由于过于强调功能性和标准化，从而形成千篇一律的风格。而后现代主义建筑则发掘出建筑上的"方言"，追求唤起历史的回忆和地方文脉。它甚至强调运用多种语言，有时在一栋建筑中同时使用多种风格和语言，以达到比喻和象征的目的。

第三，现代主义艺术追求形式，后现代主义艺术追求观念。如前文所述，现代主义艺术对形式的重视，是历史上前所未见的。克莱夫·贝尔在 1913 年出版的《艺术》一书中详细讨论了艺术的定义，认为"有意味的形式"是艺术的本质属性。从立体主义到风格派，从表现主义到超现实主义，艺术家在形式的创造中费尽心机。在一个现代艺术家看来，任何题材都不过是研究怎样使色彩和图案达到平衡的一个机会罢了。后现代主义艺术将现代主义艺术形式至上的宗旨彻底打碎，形式感、美感的表达不再是后现代主义艺术的信条。作品的形式和美感已经不再是艺术创作追寻的终极目标，观念性的置入与表达成为后现代主义艺术创作的潮流。正如吉姆·莱文指出，"后现代主义艺术起源于观念主义的内部，即艺术是信息"，[33] 而作品则是信息的传递。为了能够更好地传递这种信息，后现代主义艺术家往往不惜采取任何手段、任何方式和任何媒介。所以，我们在后现代主义艺术中难以看到固定的形式和风格，它兼容、杂凑、拼贴、引用，或仅仅是一个过程、一个普通的物体、一个偶然性的事件，甚至只是一段沉默。

传统形态的艺术给我们提供艺术审美的形式，而后现代主义艺术却给我们提供艺术审美的思考。艺术家伊夫·克莱因（Yves Klein）曾在 1958 年将一个展厅的所有东西腾空，举办了一次空无一物的艺术展览。第二年，他在塞纳河边向观众出售"非物质的形象感受区"，买的人支付金箔，而艺术家马上把金箔扔到河里，同时购买者把发票烧掉。在极简主义艺术中，艺术家们只采用最基本的几何形状，把他们的作品呈现为简单的信息，从而在简化形式的同时，强化了观念在艺术中的作用。后现代主义艺术中的偶发艺术、大地艺术、装置艺术、身体艺术、过程艺术等流派都是基于创作之前的观念，而像索尔·勒维特（Sol Lewitt）这样的艺术家则将观念本身加以抽象，形成更加纯粹的观念艺术。无论采用哪一种艺术形式，都是要表达一种观念，到了观念艺术，干脆观念本身成为艺术。渐渐地，艺术的形式开始弱化，艺术门类的界限不断模糊。为实现一种观念，艺术家可以采用任何形式：绘画、雕塑、装置、表演，甚至是生活本身。

第四，如果说现代主义艺术致力于建构，崇尚结构主义，那么后现代主义艺术则更多致力于解构，崇尚解构主义。"解构"（Deconstruction）这个概念，是法国后现代主义哲学家德里达（Jacques Derrida）从语言观念的分析入手，对西方传统形而上学思维方式的反思。

对于现代主义来说，艺术是一种获得意义的方式，是揭示那不能用艺术以外的任何方式揭示的真理的一种手段，所以现代主义艺术家力图用艺术的方式表现出一种对世界意义的判断。解构主义理论认为，艺术作品的意义和真理不是确定不变的、一劳永逸的，恰恰相反，它具有不可确定性的特征。德里达就认为，艺术作品正像语言一样，它的真理和意义是不存在的，所谓的真理和意义无非是一种语言的游戏，一种没有确定性的漂浮的能指和踪迹。[34] 深受解构主义哲学影响的后现代主义艺术自然也放弃了对于明确的中心意义的追求，正是因为这种对确定意义的消解，后现代主义艺术成了一种我们看得见摸得着，但又缥缈不定无法判别的东西。解构主义在20世纪80年代也进入建筑艺术，它消解了建筑中固有而明确的形式系统和功能意义，使建筑表现出无绝对权威、设计思路从个人出发、没有明确的秩序、没有预先的设计、没有固定的形态、讲究多元化、非统

图 2-3　盖里设计的毕尔巴鄂古根海姆博物馆

一性化的特征，而解构主义建筑也往往呈现出破碎零乱的形象。（图2-3）

　　当然，现代主义精神并未因为后现代主义的出现而消失，它已经渗透到当代社会生活的各个方面，甚至后现代主义在某种程度上说，也是现代主义的延续和发展。实际上，从现代主义母体脱胎而来的后现代主义，虽然表面上是对现代主义的批判和对立，但是本质上仍然包含了现代主义的文化精神。现代主义艺术不断创新，追求新颖，这本身就为从现代主义到后现代主义的历史转折奠定了基础。从这种意义上说，后现代主义艺术是现代主义艺术走向极端之后"物极必反"的结果。从现代主义到后现代主义，每一代人都以上一代艺术的既有成就作为自己的起跑线。他们将现存体制看作为落后的保守主义或压制势力，接着便向现有的文化制度和体系发动冲击。所以，从反叛传统这个意义上来说，后现代主义艺术和现代主义艺术是一脉相承的。它既是对现代主义的一种反思和批判，又是现代主义更高层次的发展，从现代主义到后现代主义也成为20世纪西方艺术发展和精神流向的内在轨迹。

参考文献

[1] 易英．西方20世纪美术［M］．北京：中国人民大学出版社，2004：1

[2] 沈语冰．20世纪艺术批评［M］．杭州：中国美术学院出版社，2003：33

[3] 丁子春主编．欧美现代主义文艺思潮新论［M］．杭州：杭州大学出版社，1992：2

[4] （英）彼得·福克纳著．现代主义[M]．付礼军译．北京：昆仑出版社，1989：1-4

[5] 罗明洲．现代主义与后现代主义［M］．北京：中国国际广播出版社，2005：3

[6] 王岳川，尚水编．后现代主义文化与美学［M］．北京：北京大学出版社，1992：331

[7] （匈）阿诺德·豪泽尔著．艺术社会学[M]．居延安译．上海：学林出版社，1987：10

[8] （英）赫伯特·里德著．现代艺术哲学[M]．朱伯雄，曹剑译．天津：百花文艺出版社，1999：5

[9] 范景中编选．艺术与人文科学：贡布里希文选[M]．杭州：浙江摄影出版社，1989：89

[10] 陈池瑜．西方现代艺术的三次革命[J]．湖北美术学院学报，1999(1)：7-11

[11] 孙浩良．当代西方艺术理论述要［M］．上海：学林出版社，1988：83

[12] 李兴武．当代西方美学思潮评述［M］．沈阳：辽宁人民出版社，1989：32

[13] 邵宏．美术史的观念［M］．杭州：中国美术学院出版社，2003：247

[14] 常宁生，邢莉．理念与建构——论现代艺术之父塞尚的绘画[J]．荣宝斋，2010(2)：26-33

[15] 朱伯雄主编．世界美术史．7：20世纪西方艺术[M]．济南：山东美术出版社，2006：2-3

[16] 周宪．20 世纪西方美学［M］．南京：南京大学出版社，1997：65

[17]（英）克莱夫·贝尔著．艺术 [M]．周金环，马钟元译．北京：中国文艺联合出版公司，1984：154

[18] 葛鹏仁．西方现代艺术·后现代艺术［M］．长春：吉林美术出版社，2000：10，11

[19] 刘纲纪．现代西方美学［M］．武汉：湖北人民出版社，1993：13

[20]（英）弗兰西斯·弗兰契娜，（英）查尔斯·哈里森著．现代艺术和现代主义 [M]．张坚，王晓文译．上海：上海人民美术出版社，1988：5-6

[21] 罗小未．外国近现代建筑史［M］．2 版．北京：中国建筑工业出版社，2004：51

[22] 王受之．世界现代建筑史 [M]．北京：中国建筑工业出版社，1999：167

[23] 王岳川，尚水编．后现代主义文化与美学［M］．北京：北京大学出版社，1992：4

[24] 罗明洲．现代主义与后现代主义［M］．北京：中国国际广播出版社，2005：109

[25] 姚登权．后现代文化与消费主义 [J]．求索，2004(1)：138-140

[26]（美）Sharon Zukin 著．城市文化 [M]．杨东霞，谈瀛洲译．上海：上海教育出版社，2006：3

[27]（美）吉姆·莱文著．超越现代主义 [M]．常宁生，等译．南京：江苏美术出版社，1995：42

[28] 马永建．后现代主义艺术 20 讲［M］．上海：上海社会科学院出版社，2006：6

[29]（英）查尔斯·詹克斯著．后现代建筑语言 [M]．李大夏译．北京：中国建筑工业出版社，1986：1

[30] 彭吉象．艺术学概论［M］．3 版．北京：北京大学出版社，2006：317

[31]（美）弗雷德里克·杰姆逊著．后现代主义与文化理论 [M]．唐小兵译．北京：北京大学出版社，2005：164

[32]（法）皮埃尔·卡巴内著．杜尚访谈录 [M]．王瑞芸译．北京：中国人民大学出版社，2003：196

[33]（美）吉姆·莱文著．超越现代主义 [M]．常宁生，等译．南京：江苏美术出版社，1995：8

[34] 李建盛，刘洪新．德里达的解构哲学及其对艺术真理的理解 [J]．湖南科技大学学报（社会科学版），2004(1)：8-11

第3章 20世纪初期西方艺术对景观设计的影响

3.1 20世纪初期的西方景观设计

3.1.1 传统园林风格的延续

19世纪的园林景观没有创立一种新的风格，虽然城市公园的思想是崭新的，但风格上仍是对英国风景式园林的继承。19世纪末，法国园林在巴黎美术学院教育体系的影响下，重新走向复古，造园师杜切恩（Henri Duchene）父子重建和修复了许多17世纪的园林。在巴黎美术学院学习的大批美国建筑师也将欧洲古典风格带回美国，融入美国当时蓬勃开展的"城市美化运动"① 之中，这在一定程度上对于美国园林风格的创新也起了抑制的作用。在众多的私家庭园中，由杰基尔和路特恩斯所开创的"工艺美术园林"形式继续流行，并对20世纪早期的英、美、德等国的私家庭园产生了广泛的影响。"工艺美术园林"本身是自然式和规则式的折中组合，并没有从整体上给庭园带来完全新颖的样式，因此一些面积稍大的庭园有时也选择将自然式和规则式同时并置于场地中，体现出一种古典主义和浪漫主义之间的张力。

---

① 城市美化运动：城市美化（City Beautiful）作为一个专用词，出现于1903年，其发明家是专栏作家 Mulford Robinson。作为一名非专业人士（以后半路出家，学习景观设计和城市规划），他借1893年芝加哥世博会对城市形象产生巨大冲击的机会，呼吁城市的美化与形象改进，并倡导以此来解决当时美国城市的物质与社会脏乱差的问题。后来，人们便将在他倡导下的所有城市改造活动称为"城市美化运动"。"城市美化运动"在建筑和景观上强调规则、几何、古典和唯美主义的风格，尤其强调把这种城市的规整化和形象设计作为改善城市物质环境和提高社会秩序及道德水平的主要途径。[1]

在英国，约翰斯顿（Lawrence Johnston）为自己在奇平坎登（Chipping Campden）的 112 hm² 地产设计建造了庭园，庭园一部分采用了规则对称的布局，另一部分则采用了自然式布局，表现了古典和浪漫之间的折中。在美国，女造园师法兰德（Beatrix Farrand）在 1922 年为外交官 Bliss 夫妇设计的敦巴顿橡树园（Dumbarton Oaks），同样采用了将规则式布局与自然式种植结合在一起的手法，并成为她最有代表性的作品。[2] 敦巴顿橡树园利用住宅背后的坡地，模仿意大利台地园形式，将一系列花园、喷泉用一层层台地组织起来，使得规则式的庭园、精美的装饰和周围的自然景观结合在一起，该园目前已被赠予哈佛大学。[3]

"工艺美术园林"的思想也在德国得到共鸣，但德国并不像英、法那样受制于传统，加之 1871 年德意志统一后带来的政治经济发展，使得德国这一时期的园林设计有了更深入的探索。建筑师穆特休斯（Herman Muthesius）把建筑设计的观念赋予庭园，提倡庭园布局再现建筑的室内部分，从而在庭园中产生了"户外房间"的概念。[4] 而设计师彼德·贝伦斯（Peter Behrens）在达姆斯塔特（Darmstadt）为自己设计的住宅庭园则采用了简单的几何形状，从建筑的平面布局引申出庭园的布局形式，形成了自由组合的室外空间。园中用台阶、园路、不同功能的休息场地及种植池组织地段，尽管面积很小，但已初步显露出现代景观设计的方向。（图 3-1）

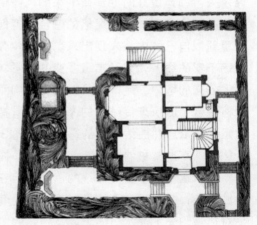

图 3-1　彼德·贝伦斯的宅园

在 20 世纪早期最富于表现力的景观应当归功于西班牙建筑师安东尼·高迪（Antoni Gaudi Cornet）。他在巴塞罗那设计的居尔公园（Parc Guell）从风格上很难说是传统的或是现代的，其中蕴涵的对于传统风格的吸收、地域特色的提炼、宗教信仰的表达以及来自外部世界艺术潮流的影响，最终使其成为西方景观史上的一个独特的范例。

高迪生活的加泰罗尼亚地区（Catalan）曾经被来自西欧和东方穆斯林所占领，东西方文化在这里交汇，形成了迥异于西欧其他地方的独特地域文化。而高迪生活的年代正是加泰罗尼亚民族自治运动和民族文化觉醒的巅峰阶段，复兴民族昔日辉煌的情绪对他产生了深刻的影响。高迪经常参观一些当地的历史建筑，并对

图 3-2　居尔公园梦幻般的场所环境

摩尔人占领西班牙时期遗留下来的阿拉伯文化影响很感兴趣。实际上，高迪的许多作品都充满了对历史风格的融合，但他反对简单的复古，而是在吸收传统风格后重新以自己的方式表现出来。在居尔公园中，高迪用充满波动的、有韵律的、动荡不安的线条，以及丰富多变的色彩、光影和空间营造出一个梦幻般的场所环境。公园的墙体、装饰小品、柱廊和绚丽的釉面瓷砖装饰表现出鲜明的个性，其风格融合了西班牙传统中的摩尔式和哥特式文化的特点，同时也体现了当时新艺术运动追求自然曲线风格的影响。（图 3-2）

　　虽然高迪常被看作"新艺术运动"在西班牙的代表人物，虽然居尔公园体现了新艺术运动对于自然曲线的追求，但它更多地反映出加泰罗尼亚的历史文化和地域特色，其有机的形式是对地中海的海洋和生物形态的抽象，而绚丽的色彩则是对热辣阳光下海水、砖土以及植物的浓烈色彩的表现。因此，虽然很难说居尔公园的风格究竟是传统的还是现代的，但无疑它是地域的，是加泰罗尼亚乡土文化在景观中的综合展现。

　　总体来说，20 世纪早期的西方园林景观仍然是传统风格和形式的继承，但由于建造工艺精良，给人留下了精致、典雅的印象。虽然其间偶然也出现像贝伦斯的达姆斯塔特宅园那样初露现代感的庭园，但由于欧洲很快便被一战硝烟所笼罩，因此新风格的探索受到阻滞。曾经共同开创"工艺美术园林"风格的杰基尔和路特恩斯，虽然此时仍继续合作，但已不再创作园林，而是将精力投入一战阵亡士兵公墓的规划中。[5]

3.1.2 景观新风格的探索

一战结束之后，欧洲获得了短暂的和平，各国的经济又有所恢复。1924年到1929年的五年期间是资本主义世界相对稳定的时期，欧洲国家的经济在这个时期达到了战前水平，而且在某些工业部门和商业方面甚至还超过以前。[6]文化和艺术也再度繁荣起来，在一些发达国家，艺术和建筑上的革新带动了对景观新风格的探索。

（1）法国的探索

20世纪初期，巴黎是世界文化艺术的中心，众多艺术大师汇聚于此，新的艺术思想和创作手法在这里涌现，景观形式上的创新也在这里出现。1925年，国际装饰艺术与现代工业博览会在巴黎举办，此时正好处于工艺美术运动传统减弱和国际现代主义风格兴起之际，虽然现代主义所带有的民主主义和社会主义色彩并未在法国得到发展，但是现代主义设计的一些形式元素却为当时的法国设计师所吸收，并运用于景观设计之中。

由于这次会展场地横跨塞纳河两岸，场地条件不利于植物种植，使得展出的景观作品以人工为主，反而避免了园艺化倾向，提高了作品形式的创新性。这次博览会上展出的最前卫的景观作品是建筑师古埃瑞克安（Gabriel Guevrekian）设计的"光与水的庭园"（Garden of Water and Light）。这是一个几何的规则式庭园，但是却打破了以往的规则式传统，而以一种现代的几何构图手法来完成。这个庭园的用地被道路限制在一块三角形区域中，古埃瑞克安就采用三角形作为庭园构图的几何主题，并将庭园四周的围栅、园中的水池、花床等都围绕这一主题来组织。此外，他还在水池的中央放置了一个多面体玻璃球，可以随时间的变化而旋转，吸收或反射照在它上面的光线。[7]由于受到用地条件的限制，这是一个纯观赏性庭园，但也正因为如此，这个小庭园才有了更多表现新思想的机会。（图3-3）该庭园的创新之处主要来源于三个方面：首先，在构图上大胆采用三角形为主题元素，虽然采用对称式布局，但抽象几何的构图手法已经和传统园林大异其趣；其次，在色彩上不仅运用深红色的秋海棠、橘黄色的除虫菊和蓝色的藿香蓟等草花来形成色块以突出色彩上的对比，而且还将水池的底面和侧面刷成红、白、蓝三色，映射出法国国旗的颜色，形成强烈的视觉冲击力；第三，在景观要素上，庭园还采用了混凝土、瓷砖、玻璃、光电效果等新型景观要素，配合新的植物种类，成为这次博览会最富创造性的景观作品。[8]"光与水的庭园"的成功也为古埃瑞克安赢得了为富商瑙勒斯（Charles de Noailles）设计庭园的机会。瑙勒斯的庭园也位于一块等边三角形的坡地上，这次古埃瑞克安采用方形和

图 3-3（a） 光与水的庭园平面图　　　　　图 3-3（b） 光与水的庭园实景

矩形作为主题元素，彩色铺地砖和郁金香花坛构成的方格结构沿浅浅的台阶逐级而上，到达三角形场地的尖端，那里安放了立体主义雕塑家利普希兹（Jacques Lipchitz）的雕塑作品——生命的快乐。（图 3-4）

此外，在这次博览会上还展出了一个建于 20 世纪 20 年代初期的庭园平面和照片。这是当时著名的家具设计师和封面设计师莱格瑞因（Pierre-Émile Legrain）为塔夏德（Tachard）住宅所设计的庭园。从庭园的平面上看，它吸收了莱格瑞因设计的书籍封面的形式元素，采用三角形、圆形、方形、锯齿线等元素构成了一个富有韵律感的几何平面，但其中不存在对称构图。当然，塔夏德庭园也并非仅限于几何形式的平面组合，而是让形式和空间、功能有机结合，将花园、草坪、走廊、活动空间等统一组织起来。（图 3-5）

这次博览会也展出了其他一些富有新意的景观作品，比如建筑师斯蒂文斯（Robert Mallett-Stevens）和雕塑家简·马特尔（Jan Martel）、约尔·马特尔（Joel Martel）建造的"混凝土树的庭园"，以及安德烈·维拉（Andre Vera）和保罗·维拉（Paul Vera）兄弟设计的一些景观作品的照片等。1925 年的巴黎"国际装饰艺术与现代工业博览会"是西方现代景观设计发展史中的一次重要事件，这次博览会及其前后的一些法国景观作品被陆续出版，对西方景观设计风格、思想、手法的转变起了重要的推动作用。

到了 20 世纪 30 年代后期，随着国际形势的日趋紧张，法国对新景观风格的探索也渐趋停止。在 1937 年巴黎举办的国际现代生活艺术与技术博览会

图 3-4　瑙勒斯庭园　　　　　　　　　图 3-5　塔夏德庭园

（Exposition Internationale des Arts et des Techniques dans la Vie Moderne）
上，法国景观设计的创新思路基本都消失了，景观设计又退回到园艺种植的领域。
当美国景观设计师弗莱切·斯蒂尔（Fletcher Steele）在《现代景观》（Jardins
Moderne）杂志上看到这次展览的图片后，他在 1938 年的文章中写道，"这些
作品缺乏艺术的魅力和典雅，同时也不具有创新性……由古埃瑞克安、莱格瑞因、
维拉兄弟等在十年前甚至更早的时期所创作的现代主义庭园，看上去指出了未来
景观发展的美好方向，但现在却很少有人沿着这一方向继续探索。" [9] 他对于那
些早期的新思想在尚未成熟的时候就夭折感到非常失望。同年，英国景观设计师
克里斯托夫·唐纳德（Christopher Tunnard）也在他的文章中表达了类似的看法。
他写道，"园林建造的部分内容属于科学这一事实并不能免除其应当承担的艺术
的责任，它不能返回到园艺学领域，就像建筑不能退回到工程学领域。" [10]

　　（2）美国的探索

　　由于美国缺乏统一的民族文化传统，因此在法国进行景观形式创新试验的时
候，美国的景观设计仍然表现为对其他欧洲国家传统的融合，其中以工艺美术风
格、巴黎美术学院风格和奥姆斯特德留下来的自然田园风格为主。由于美国在一
战期间并未受到多少损伤，而前一时期积累下来的财富造就了美国经济大萧条前
的繁荣时期，富裕阶层在从长岛到加利福尼亚的乡村环境里建造了许多大的私家
庭园，法兰德、希普曼（Ellen Biddle Shipman）等景观设计师继续发展着"工
艺美术园林"的设计手法；在城市中，从巴黎美术学院学成归国的建筑师们将学

院追求的古典风格应用于美国的大城市景观中；而在公园设计中，奥姆斯特德的影响依然存在，以詹斯·詹森（Jens Jensen）为代表的景观设计师继续在公园中营造大草坪、蜿蜒的园路和湖岸、延展的视景线，以获得田园牧歌式的景观效果。但和奥姆斯特德时期不同的是，由于社会经济和工作条件的改善，人们工作时间缩短、退休时间提前、工资待遇提高，因而有了更多的时间参加户外休闲运动。这使得公园中开辟了大量的游乐场、游泳池和各类球场，原本以休息、观赏为主的公园日益与户外运动休闲相结合，这也成为西方城市公园发展的一个新趋势。[11]

虽然此时欧洲的传统园林形式仍然是美国景观设计的主流，但欧洲景观风格的创新也对美国产生了影响。美国景观设计师弗莱切·斯蒂尔经常在欧洲游历，对当时法国景观设计中出现的新形式留下了深刻的印象。回国后，他发表了一系列文章介绍法国的新景观，并对法国设计师消解古典轴线、加强空间感、调和规则形式与不规则形式的能力大加赞赏，成为美国第一个深入分析法国先锋景观并将其运用到自己设计实践中的人。

斯蒂尔早年曾在哈佛受过巴黎美术学院课程的培训，对历史园林很欣赏，同时也很喜欢在法国出现的景观新形式，这些倾向在他的作品中都有所体现。比如，在他一个未实现的作品——史密斯维克庭园（Smithwick Garden）平面中，我们不仅看到了法国新景观中采用的锯齿线和放射线等形式语言，也看到了巴洛克时期意大利园林常用的装饰曲线，体现了传统样式和现代风格的折中处理。（图3-6）

斯蒂尔的代表作品是为乔特（Mabel Choate）在马萨诸塞州的瑙姆吉格（Naumkeag）庄园设计的景观。该庄园始建于1926年，其后三十年里，斯蒂尔和乔特合作完成了瑙姆吉格庄园中的一系列庭园景观设计和建造。1931年，他在瑙姆吉格庄园西南部建造的一个平台花园中，运用了重复排列的波浪形小路，这些小路的形式来源于他对远处比尔山（Bear Mountain）的轮廓线的提炼，不过这种波浪线体现出的视觉效果已经和史密斯维克庭园中的曲线体现出的古典装饰效果大不相同，更多地体现了现代设计中的动态感和韵律感。1938年，他在庄园中设计了最有代表性的景观——蓝色阶梯。阶梯成对称式布置，中间部位是四个浅浅的拱形洞穴，漆成蓝颜色。纤细弯曲的金属栏杆被漆成白色，与坚固的石砌台阶形成强烈的对比。阶梯四周精心种植了白桦树，树干色彩和栏杆色彩一致，在色彩和质地上与洞穴和台阶形成对比，营造了有趣的视觉效果。（图3-7）"蓝色阶梯"的形式不难令人想到意大利台地园中的高差处理手法，同样是对称式的台阶，同样有装饰性的洞穴，所不同的是这里采用了新的材料、新的色彩和更加简洁的处理方式，从而体现出设计师对新风格的探索。

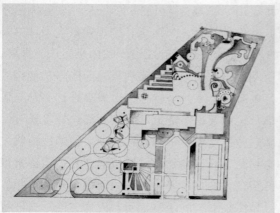

图 3-6　史密斯维克庭园平面图　　　　　图 3-7　瑙姆吉格庄园的蓝色阶梯

　　从对斯蒂尔作品的分析不难发现，虽然他可称得上是二战前美国最富创新精神的景观设计师，但他的创作思想和手法仍然未能完全摆脱传统的束缚，因此他是美国景观从传统向现代过渡的中间人。尽管如此，斯蒂尔对美国现代景观风格的形成具有重要意义，他对欧洲新景观的介绍影响了美国成长中的新一代景观设计师，并推动二战后美国景观设计告别巴黎美术学院的影响，汇入现代主义设计的洪流之中。

　　（3）英国的探索

　　20 世纪 30 年代，由于经济的萧条和衰退，景观风格的创新在英国并不处于优先考虑的地位。英国皇家园艺协会在 1928 年举办了一次设计展，展出内容主要是贵族化的和回顾性的园林作品。英国景观设计师学会于 1929 年成立，但绝大多数设计师更喜欢为富有的客户设计舒适的传统型花园，这使得英国仍然沉醉在工艺美术园林的传统中。[12] 尽管如此，有一位青年设计师像美国的斯蒂尔一样，关注着法国和其他国家景观设计的发展动向，他就是克里斯托夫·唐纳德。唐纳德在二战爆发前移居美国，后来从景观转入城市规划领域。他作为景观设计师的职业生涯虽然不长，但他在 1938 年完成的著作《现代景观中的庭园》（Gardens in the Modern Landscape）① 和为数不多的一些作品却对现代景观设计的发展起了重要的作用。

───────────────

① 　20 世纪初期英国的景观学者们对景观的理解主要停留在"私人住宅＋庭园＋一块更大的自然场地"的模式，这显然是受到英国自然风景式造园传统的深刻影响，从唐纳德的书名判断，他也没有摆脱这一影响。

唐纳德在书中对现代景观设计提出了三条指导原则：功能、移情和艺术（functional, empathic and artistic）。[13] 他认为，"功能"是现代景观设计中最基本的考虑，是三个方面中最首要的。这要求景观设计应该反映休息娱乐的需要，虽然它是花木栽培的空间，但这种空间不再仅用于装饰和观赏，而应与功能相结合，并从情感主义和浪漫的自然崇拜中解脱出来。也就是说，景观设计必须与人的活动需求相一致。他所说的"移情"，主要是指建筑、庭园和周边环境景观的关系。他以日本庭园为例，指出日本庭园虽然没有采用对称布局，但通过植物、石块等元素在小环境中所形成的动态平衡感，在精神和情感层面与其住宅建筑取得了协调。这种协调也反映了日本乃至东方文化中普遍存在的天人合一的思想。因此，他反对当时英国园林对于轴线和传统形式的随意套用，因为这些形式已经难以和现代建筑取得情感上的呼应，所以庭园必须从对称布局和轴线中解放出来，用新的形式来实现建筑和环境之间的融合。"艺术"原则是提倡在景观设计中运用现代艺术手段和成果。他认为景观设计师应当学习现代画家对形态、平面及色彩相互关系的处理，而抽象雕塑则能够增强景观设计师对于抽象形体、现代材料及其质感的理解。其中，"功能"景观的概念首先被唐纳德作为景观设计的新途径提出来，使得英国人第一次把自己看作景观的一个参与部分而不仅仅是观赏者。

　　唐纳德的思想主要体现在他的两个庭园景观作品中。1935年，他为建筑师谢梅耶夫（Serge Chermayeff）的住宅设计了名为"本特利树林"（Bentley Wood）的庭园。该庭园是他的三大原则的综合体现。在这个功能性庭园中，有太阳浴和休息区域、菜园和果园，还规划了网球场和凉亭，并试图为现代生活提供低维护成本的设计。餐厅的室内空间透过玻璃拉门一直延伸到室外的矩形铺装露台。露台的一个侧面用围墙围合起来，尽端则被一个木框架限定，框住了远处变幻的风景。这一虚实相间的空间取代传统轴线，形成建筑和环境之间的衔接和过渡，成为唐纳德对于"移情"的表达。在木框架附近一侧的基座上，侧卧着亨利·摩尔（Henry Moore）的抽象雕塑，面向无限的远方。（图3-8，图3-9）这样，唐纳德将功能、移情和艺术在这个庭园中结合起来。

　　1936年至1938年，唐纳德为自己设计了位于切特西郡（Chertsey）圣安娜山（St Ann's Hill）的住宅庭园。场地位于一个英国传统风景式园林中，住宅建筑包括了新、旧两个部分，尤其新建筑是极具通透性的半圆形现代建筑。这样的建筑如果继续沿用传统规则式或自然式的景观处理手法，势必会造成建筑和周边环境的不协调。唐纳德从功能出发，从建筑的形式引申出庭园的平面，并在建筑一侧通过围绕杜鹃花床布置的弧形泳池与建筑、庭园取得形式上的呼应。在建筑

图 3-8 "本特利树林" 庭园

图 3-9 庭园中亨利・摩尔的雕塑

的屋顶花园上，可以透过混凝土构架形成框景，欣赏庭园和周边的自然景色，这也是他在"本特利树林"中所用过的手法。

可以说，唐纳德是西方第一位真正意义上的现代主义景观设计师，因为他将当时建筑领域的功能主义思想、现代建筑与环境相结合的手法，以及现代艺术的形式语汇紧密结合在景观设计中，并通过他的"功能、移情、艺术"的理论表达出来，更重要的是他在追求风格创新的同时，还将现代主义者的民主主义和社会主义思想带入景观设计。他认为，景观不是"带围栏的、私人的半英亩地"，而是大家共享的空间。

1939 年，应格罗皮乌斯（Walter Gropius）之邀，唐纳德移居美国并进入哈佛大学任教。在那里，他的现代景观设计思想影响了一大批学生。后来，他又进入耶鲁大学任教并转向城市规划领域。有意思的是，这位年轻时思想激进的现代景观设计师晚年一直致力于传统建筑的保护工作。

3.2 艺术变革对于景观设计的影响

进入 20 世纪，艺术领域的革新达到高潮，在绘画和雕塑日益从写实走向抽象，从再现走向表现的同时，建筑领域也通过去除装饰、强调功能，表现出一种全新的审美方式。当这些姊妹艺术在现代主义运动中走向全新的发展时，景观设计的革新步伐则显得比较缓慢。斯蒂尔在他的《庭园设计的新先锋》（New Pioneering in Garden Design）一文中无奈地写道，"每个人都在猜测什么是真正的现代主义景观作品。原因是它还没有作为一种类型存在。我们景观设计师在接受新思想时总是落后于其他艺术家。"[14]

3.2.1　景观设计革新的滞后性

　　20世纪西方景观设计的革新之所以落后于其他艺术门类，主要可以从下列几个方面来分析。

　　第一，与景观设计的材料有关。一方面，植物是景观设计中最常用的材料，其本身就具形态、香味、色彩等美学特征，这些美学特征往往会分散人们对景观作品整体艺术性的关注。而在绘画、雕塑、建筑等艺术门类中，人们更多关注的则是作品的整体效果，材料只是被当作实现整体效果的手段。正是因为植物材料在景观设计中的重要地位，景观设计往往被简单地看成园艺或绿化工作，这在一定程度上阻碍了其艺术性的发展。另一方面，建筑艺术的革新来源于新材料的出现和新技术的发展，而景观设计的最主要材料——植物并不会发生根本性变化，因而景观设计在总体上不会产生建筑设计那样剧烈的变革。

　　第二，与景观设计中涉及的复杂的场地条件和工程技术有关。这些方面是绘画、雕塑等艺术门类所不必考虑的，因而它们的革新受到更少的羁绊。建筑虽然也要考虑场地条件和工程技术问题，但建筑所选择的建造场地通常是城市中条件最好、最为平坦的用地，这为其形式上的创新提供了有利条件。但景观，尤其像公园一类较大尺度的景观，往往选择城市中条件较差、地形较复杂的用地，这给形式上的创新带来了更大的难度，所以20世纪创新的景观作品最先从小尺度的庭园开始出现。

　　第三，与景观设计所承载的价值有关。培根在《说花园》一文中提到，"园艺一事也的确是人生乐趣中之最高洁的乐趣。它是人类精神的最大营养剂，若没有它则屋舍官邸都不过是与大自然无关的粗糙人造品。再者我们常可见到当某些时代日趋文明风雅的时候，人们大多先想到富丽堂皇的建筑，而后才想到精美雅致的园圃，好像园艺是更大的一种完美事物似的。"[15] 可见，园林的价值更多表现在精神内容方面，其中审美要求要远远超过物质实用的要求。[16] 作为与园林一脉相承的景观同样如此，由于在实用价值方面不如建筑，所以现代主义建筑先驱们不会投入大量的时间在景观上，这使得景观设计一直处于次要考虑的地位，因而传统园林形式依然能够保持着旺盛的生命力。

　　第四，与景观的欣赏方式有关。对于绘画、雕塑和建筑，人们都可以凭借视觉感官从外部直接感受到，因而更容易受到人们审美思潮转变的影响。而景观的美，尤其是一些大尺度景观的美，并不能通过视觉感官从外部直接感知，往往需要欣赏者进入其中，攀山涉水、穿廊渡桥，游走于一系列精心设计的游赏空间，观赏一幅幅图画般的景致，才能体验和感悟景观的整体之美。[17] 同时，在欣赏其他门类艺术时，往往调动一到两种感官，但景观的欣赏则常常需要调动视觉、听觉、嗅觉等多种感官。[18] 比如在景观设计时经常希望创造"鸟语花香"的境界，这种"鸟语"和"花香"就分别要求欣赏者听觉和嗅觉的参与。因此，从欣赏方式上来说，景观是一种综合性极强的艺术，或许也正是这种综合性，使得景观视觉形式上的创新不如绘画等艺术门类那么迅捷。

第五，与景观设计所受到的社会条件制约有关。和绘画、雕塑、音乐、舞蹈等艺术门类相比，景观设计要更多地受到来自经济、政治等方面社会条件的制约。景观设计师不可能具有像画家、雕塑家、音乐家和舞蹈家那样的创作自由，他们的工作必须对业主的要求、项目的预算负责，否则他们的方案将无法实施。所以在景观设计实践中，几乎没有人仅仅把艺术创作的欲望作为唯一的设计动机，也没有人会仅仅沉醉于自我情感的表现和对某种艺术风格的追求，只有将艺术和美学的追求融入到社会需求中的景观作品才更具有生命力。正因为受到诸多社会条件的制约，景观设计的变革往往要滞后于其他艺术门类。

尽管 20 世纪初景观设计的变革落后于其他艺术门类，但新的社会环境和文化环境仍然对其产生了重要的影响。一些先锋景观设计师不满足于传统形式的沿用，开始从绘画、雕塑、建筑等艺术门类中吸收借鉴，使得景观设计在思想观念、形式风格等方面开始了革新的探索，尽管这种探索在当时是小范围的，但其影响却是极为深远的，这些探索为现代主义景观在二战之后的全面确立奠定了基础。

3.2.2 景观设计观念的革新

随着封建专制体制的彻底瓦解，一度作为皇权专制象征的中轴对称式园林和作为人性自由象征的自然风景式园林已经失去了原有的政治和文化意义，仅仅成为传统的形式样板，即使在其中加入古代或异域风格的装饰，也越来越难以体现 20 世纪的审美趣味。尽管当时许多景观设计师坚持认为由于植物材料的特殊属性，景观不可能像建筑一样形成某种固定的形式，因而景观形式的变革也就没有多少意义，但是绘画、雕塑、建筑革新的巨大影响力仍然对景观设计的思想观念产生了强烈的冲击。

从塞尚到立体主义、构成主义、风格派逐渐形成的抽象、简洁、纯粹的造型思想，反映了 20 世纪初期西方社会在工业化进程中追求功能、精确和效率的心理特征，形成了工业社会特有的机器美学。正如刘易斯·芒福德（Lewis

Mumford）在《技术与文明》中所说，"面对着这些新的机器设备，看着那轮廓分明的外表、生硬的体积和刻板的形状，一种全新的体验和愉悦不禁油然而生。解读这种新的体验就成为艺术面临的新课题。"[19] 这种思想在建筑艺术中表现为对形式的简化和对功能的强调。奥地利建筑师卢斯在 1908 年发表的《装饰与罪恶》一文中就主张建筑应该以实用和舒适为主，并提出把钱花在不必要的装饰上就是一种罪恶。[20] 美国建筑师沙利文也在芝加哥建筑实践的基础上，提出了"形式追随功能"的主张。柯布西埃（Le Corbusier）则进一步将住宅等同于居住的机器，并认为建筑是立方体、球体、锥体、圆柱体等几何形体组合在一起的艺术，这与塞尚的绘画思想是极为一致的。这些思想使得 20 世纪的建筑摆脱了繁琐的外部装饰，形成了简洁而直率的风格。

机器美学带来了新的审美观念，功能性、简洁性、精确性逐渐成为设计领域代表现代品质的特征，并影响到景观设计领域。从古埃瑞克安设计的"光与水的庭园"和瑙勒斯庭园来看，无论是前者的三角形结构，还是后者的方格网结构，都体现了机器美学所具有的清晰、准确、毫不含糊的形式特征，而斯蒂尔在瑙姆吉格庄园中设计的"蓝色阶梯"虽然从对称的手法上仍能看出意大利园林的影子，但已经去除了意大利园林中那些精雕细刻的宝瓶护栏、雕像、花钵等装饰物，代之以简洁明快的铸铁护栏，表现出类似于现代建筑造型的清晰和直率。唐纳德则进一步将建筑中的功能主义思想引入景观，并将功能作为他的现代景观设计三项主张（功能、移情、艺术）的基础。他在"本特利树林"的庭园设计中，放弃了传统园林的规则对称形式，而是将庭园的硬质地面布置在建筑一侧，从而用建筑和庭园形成一块半围合型户外空间供孩子们活动，同时也为住宅前方留下了开阔的景观视野。整个庭园布局虽无明显轴线，但也不显得杂乱无章，而是用现代构图方式将不同功能的空间统一成整体，方格状的铺地和矩形框架与住宅建筑风格相呼应，体现了工业社会的美学特征。

3.2.3　景观设计形式的革新

现代艺术和建筑给景观设计带来了思想观念的革新，但是思想观念是无形的，它们无法自动生成新的风格和形式，因此从其他艺术门类中借鉴形式语言就变得极为必要。由塞尚开启的遵循理性，用简洁抽象的几何形体概括客观对象的绘画方向，经过立体主义、构成主义、至上主义、风格派等艺术流派在形式构成方面的不断探索和试验，为这一时期建筑和设计领域提供了丰富的形式来源，也极大地拓展了景观设计的视觉语言。

图 3-10　弹曼陀林的少女
　　　　（毕加索，1910 年）

图 3-11　葡萄牙人
　　　　（布拉克，1911 年）

图 3-12　莱格瑞因设计的
　　　　书籍封面

　　巴黎国际装饰艺术与现代工业博览会上所展出的一些景观作品，就体现了设计师对立体主义造型手法的借鉴。立体主义绘画通过对空间与物象的分解与重构，组建一种绘画性的空间及形体结构。物象被缩减到最基本的元素，即被分解为许多的小块面。他们以这些块面为构成要素，在画中组建物象与空间的新秩序。在毕加索最有代表性的立体主义作品中，几何形占据了画面的大部分空间，而几何化的人物面部和轮廓则是从小方块中浮现出来的。（图 3-10）布拉克的名作《葡萄牙人》同样把对象分解得支离破碎，若隐若现的人物轮廓完全被小方块所吞没。（图 3-11）立体主义的这种造型手法充分体现了当时人们对于工业文明和机器美学的热情。

　　在"光与水的庭园"中，设计师古埃瑞克安将三角形作为构图的基本块面，大大小小的三角形块面被按照一定韵律组织起来，反复运用到庭园的平面和立面之中。这些三角形块面有的用来定义水池的形状，有的用来勾勒画坛的轮廓，有的则作为立面上的装饰，体现出立体主义所追求的几何的棱角美和简化的结构美。而莱格瑞因作为一名家具设计师和封面设计师，早已尝试将立体主义的形式语言用于自己的平面图案设计之中，并且形成了一套由三角形、圆形和方形构成的成熟的语汇系统。[21] 在他设计的书籍封面中，已经可以清楚地发现他从立体主义借鉴过来的形式语汇。（图 3-12）而在塔夏德庭园中，他将自己的形式语汇系统成功地用于景观设计。可以看出，该庭园的平面构图与他设计的书籍封面有许

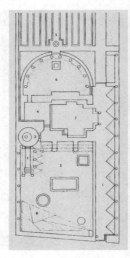 

图 3-13　塔夏德庭园的　　　图 3-14　亚维农少女（毕加索，1907 年）
　　　　　平面构图

多相似之处。庭园中的草地似乎是从封面的基本材质——摩洛哥羊皮转化而来，
庭院中的花坛、树池等则类似于封面上的烫金花纹，三角形、圆形、方形、锯齿
线等形式构成了一个抽象的几何平面，突破了传统园林形式的束缚，收到了很好
的效果。（图 3-13）塔夏德庭园的重要意义在于，它没有受到传统园林规则式
或自然式构图的束缚，在用几何形式组织庭园空间时放弃了轴线和对称性，保留
了几何的秩序和韵律，形成了一种新颖的动态平衡的构图手法。同时，塔夏德庭
园中锯齿形边缘的草地也成为它最为标志性的形式语言，随着各种书籍、杂志的
介绍和传播，成为现代景观设计中的一种常用语汇，并在二战后美国的景观设计
作品中多次出现。

　　此外，立体主义发展出来的对物体以多视点的观察方法也在这些作品中得到
体现。立体主义反对仅从单一固定的视点去观察物体的传统绘画方法，主张应该
同时以多个不同的角度观察物象的造型，再将不同角度所见到的视像，重新组合
在画面中，从而增强画面的表现力。正如毕加索在《亚维农少女》中，将五名女
子的头部及五官同时以正面或侧面等不同角度加以表现，从而将不同视点所看到
的人体的不同侧面同时展现在一个平面上。[22] 同时，画面背景的处理与人物同
样丰富而充实，观赏者的目光只是在画面上扫来扫去，却找不到一块可以进入的
空间。（图 3-14）毕加索通过从不同角度对绘画对象进行处理，推翻了依赖于
单一固定视点的传统透视空间的戒律。这一造型手法上的突破对景观设计产生了

极为深远的影响。

在传统园林设计中，尤其是规则式园林设计中，通常只有位于园林空间的中轴线上才能获得最佳的观赏效果，而在"光与水的庭园"中可以发现，观赏者并不被限定于某一个视点观赏，三角形块面的叠加使得观赏者可以从各个角度都可以获得理想的观赏效果。同样，在莱格瑞因的塔夏德庭园中，由于中轴线的取消，固定的视点也不复存在，取而代之的是多角度的视点所形成的步移景易的效果，而同时从多个角度进行观赏也成为现代景观设计的一个重要原则。

除了立体主义之外，荷兰风格派绘画的形式语言同样影响到当时的景观设计。风格派艺术家们强调艺术"需要抽象和简化"，以数学式的结构反对印象主义和所有的"巴洛克"艺术形式。他们追求"纯洁性、必然性和规律性"，他们的作品中通过直线、矩形或方块的运用，通过把色彩简化成红、黄、蓝及中性的黑、白、灰来传播这些性质。[23] 由于风格派将工业社会中追求清晰、简洁、精确的机器美学发挥到了极致，因而对现代建筑和景观设计都产生了重要影响，促使景观设计进一步

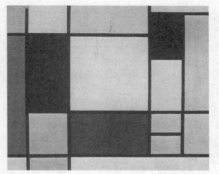

图 3-15（a） 红、黑、蓝、黄、灰构图
（蒙德里安，1920 年）

图 3-15（b） 瑙勒斯庭园

向简洁的几何形式构成发展。在古埃瑞克安设计的瑙勒斯庭园中，就明显借鉴了风格派画家蒙德里安从 1919 年开始的构图试验的成果。蒙德里安尝试利用浓重的直线条贯穿矩形色块，使画面结构不受色彩左右，从而达到控制色彩和空间的目的。而古埃瑞克安则创造性地将蒙德里安的绘画语言运用于庭园的构图之中，通过清晰明确的白色线条形成场地的整体构架，赋予三角形的场地以秩序，所划分出的方块形成由彩色地砖和种植坛相间的方格网，形成既有整体感又不失自由活泼的庭院空间，与蒙德里安利用线条驾驭色彩和空间有高度的相似性。（图 3-15）

而庭园周边的三角形块面花坛，又像是立体主义绘画中那些离散的小块面，体现了设计师对于现代艺术形式语言的综合借鉴。

参考文献

[1] 俞孔坚，吉庆萍．国际"城市美化运动"之于中国的教训（上）——渊源、内涵与蔓延 [J]．中国园林，2000(1)：27-33

[2] Janet Waymark. Modern Garden Design: Innovation Since 1900 ［M］. London：Thames & Hudson，2005：31

[3] Andrew Wilson. Influential Gardeners: The Designers Who Shaped 20th-Century Garden Style ［M］. New York：Clarkson Potter，2003：57

[4] （日）针之谷钟吉著．西方造园变迁史——从伊甸园到天然公园 ［M］．邹洪灿译．北京：中国建筑工业出版社，1991：324

[5] （美）伊丽莎白·巴洛·罗杰斯著．世界景观设计（Ⅱ）——文化与建筑的历史 [M]．韩炳越，曹娟，等译．北京：中国林业出版社，2005：382

[6] （苏）A B 布宁，（苏）T ф 萨瓦连斯卡娅著．城市建设艺术史 [M]．黄海华，等译．北京：中国建筑工业出版社，1992：40

[7] 王向荣，林箐．西方现代景观设计的理论与实践 ［M］．北京：中国建筑工业出版社，2002：32

[8] Katie Campbell. Icons of Twentieth Century Landscape Design [M]. London：Frances Lincoln Limited，2006：32

[9] Fletcher Steele. Review of Jardins Modernes, Exposition Internationale [J]. Landscape Architecture Quarterly，1938（1）：117-118

[10] Christopher Tunnard. Functional Aspect of Garden Planning [J]. The Archetecture Review，1938（4）：197

[11] Julia Czerniak，George Hargreaves. Large Parks [M]. New York：Princeton Architectural Press，2007：113

[12] Jane Brown. The Modern Garden ［M］. New York：Princeton Architectural Press，2000：50

[13] Marc Treib. Modern Landscape Architecture: A Critical Review ［M］. Cambridge：The MIT Press，1992：144

[14] Fletcher Steele. New Pioneering in Garden Design [J]. Landscape Architecture，1930（4）：162

[15] （英）弗·培根著．培根杂感 [M]．水天同译．兰州：敦煌文艺出版社，2000：219

[16] 周武忠．马克思"艺术生产理论"与园林艺术生产 [J]．扬州大学学报（人文社会科学版），2000(3)：10-13

[17] 周武忠 . 论园林欣赏 [J]. 中国园林，1993(3)：20–23

[18] 周武忠 . 城市园林艺术［M］. 南京：东南大学出版社，2000：149

[19]（美）刘易斯·芒福德著 . 技术与文明 [M]. 陈允明，王克仁，等译 . 北京：中国建筑工业出版社，2009：292

[20] 奚传绩 . 设计艺术经典论著选读［M］. 南京：东南大学出版社，2005：126–132

[21] Phyllis Ackerman. Modernism in Bookbinding [J]. Studio Internationa, 1924（11）：148

[22] 翟墨，王端廷 . 西方现代艺术流派书系：立体派［M］. 北京：人民美术出版社，2000：3

[23]（美）H H 阿纳森著 . 西方现代艺术史：绘画·雕塑·建筑 [M]. 邹德侬，等译 . 天津：天津人民美术出版社，1994：226

第 4 章　20 世纪中期西方艺术对景观设计的影响

4.1　现代主义在景观设计中的发展

4.1.1　现代主义的思想核心

如前文所述，要为"现代主义"下一个精确的定义是非常困难的，但通过观察其在文化艺术领域的发展，却可以发现现代主义的一些内在思想核心。

（1）人本性

古典的世界是具有统一性的世界，人、自我是世界的组成部分，自我是由世界决定的，不管是以对理性和规律服从的方式还是以对上帝服从的方式显示出来，自我始终是被决定的、受动的，只能通过从属于上帝或者认识规律才能够认识自己，把握自己。[1] 这种自我和世界的整一性造就了贝尔（Daniel Bell）所提出的西方古典艺术的两大特征：一是遵循理性宇宙观的法则，它通过艺术形式的整体与统一性表现出和谐一致的审美理想；二是对现实的"模仿"，或者通过仿造来解释现实，这意味着艺术是自然的一面镜子，是生活的再现。

然而，这一切都被从 19 世纪中叶发展起来的现代主义打破了，因为现代主义否认既定的外部现实是第一性的。它把"自我"强调为认识的试金石，把认知者的活动而不是物体的特性，强调为知识的源泉。在思想界，叔本华和尼采都强调了意志对世界的决定作用，弗洛伊德把潜意识（无意识）看作是人类一切行为的内驱力，柏格森的生命哲学的核心就在于"自我"、追求绝对精神自由和不受任何规律性的限制；在艺术界，印象派引入人的主观感觉来审视客体，开创了现代艺术将个人主观精神的形式化当作艺术内容的倾向。此后许多艺术流派都从中受到启发，从后印象主义、象征主义、野兽主义到表现主义、立体主义、未来主义、超现实主义……都是以强调艺术家的主观表现、强调自我为特征的。[2]

虽然人本主义精神从文艺复兴开始就贯穿西方社会，但直到19世纪，人的自我感才占有了最突出的地位。[3] 因为这时的功利主义思想、反奴隶制言论、女权主义运动等纷纷进入社会话题，并汇成强大的社会潮流。这些都极大地张扬了个人生命的价值，促成了个体自我的大踏步觉醒，人被认为是独一无二的，有着非凡的抱负，能够对自然和自我进行掌握或重造。现代主义使西方社会实现了从神本主义向人本主义的转变，人由从属于以神为中心的宇宙图景转变为建构以人为中心的世界结构。现代主义在提升"自我"的地位和强调人的重要性的同时，表现了其以人为中心的人本性特征。

（2）创造性

在传统社会中，由于自然、宗教和皇权具有强大的威力，人在这些强大力量面前显得十分渺小，所以人们对在历史发展过程中形成的各种规范和教条深信不疑。随着现代主义的传播，"自我"的地位得到极大提升，人的创造性也被最大限度地开发出来。现代主义从产生的那一刻起就表现为对历史和传统的反叛，力求建立一种新的秩序和法则。不论在文化界、艺术界的任何领域，我们都可以看到现代主义者们不断创新的精神。

就艺术而言，长期以来形成的、看上去合情合理的传统遭到质疑，比如绘画艺术中的透视、建筑艺术中的装饰和对称、音乐中的音调以及小说的叙事结构等等。现代主义艺术家极力颠覆传统的艺术规范和法则，转而强调艺术的创造性和反传统性，渴望表现天马行空、标新立异的艺术个性，从而表现出自己对世界与众不同的新奇感受。在文学领域，乔伊斯（James Joyce）的《尤利西斯》突破传统小说的时空界限，运用了内心独白、自由联想、象征和时序颠倒等意识流手法，使意识流成为现代文学创作独特的思维模式和不可或缺的艺术手法[4]；在音乐领域，勋伯格（Amold Schoenberg）从表现主义美学思想中汲取灵感，先后创作了一批无调性音乐作品，为20世纪音乐带来一场翻天覆地的革命；在绘画领域，从后印象派到抽象派，自然物象逐渐从画面中消失，画面成为表现主观情绪的广阔天地，对于现代派画家而言，"绘画不再是追随自然，而是和自然平行地工作着。" [5]

由此可见，凡是渴望跻身现代主义的人，无论是通过哪种途径，都具备一项重要特征，这就是创造性。在现代主义艺术发展过程中，之所以各种思想、各种流派层出不穷，也就是因为艺术家们不再以模仿某种真实的事物为目标，不再把某种传统的法则作为清规戒律，而是想要创造某种事物，创造自己的法则。正如保罗·克利所说，艺术家应当创造出前人所没有创造出的艺术来，这是现代主义的重要原则。[6]

（3）精英性

欧洲文化在很久以前就形成了一种贵族主义倾向，宫廷和贵族文化主导着社会文化的方向。随着皇权专制逐步解体，从理性大殿里走出的思想精英和知识精英接管了文化的话语权。于是，文化上的贵族主义逐渐转化为精英主义，这种精英主义虽然不是为精英服务，但是却强调精英的领导地位，这在现代主义中表现得尤为突出。

现代主义中的精英性集中表现在两个方面，一是先锋性，二是救世性。从第二次世界大战起，"先锋"已经被用来作为现代主义艺术运动的标签，而且尤其被用来作为与"现代主义"具有相同意义的一个对应词。[7] 现代主义作为一种文化现象，它为许多人所熟悉，但它一直属于为数不多的人群的领地。欧文·豪认为，现代主义艺术家"组成了一个社会内部的或边缘上的特殊阶层，一个以激烈的自卫、极端的自我意识、预言的倾向和异化的表征为特点的先锋派"。[8] 这种先锋派的存在正是现代主义精英性的突出表现。现代主义艺术先锋们为了能够自由表达自己的内心情感和艺术个性，不断颠覆传统的艺术法则和审美习惯，执着地对新奇的表现技巧和物质媒介进行试验，希望创造出全新的艺术模式以及观察和思考世界的方法。这样，在现代主义艺术中出现费解的构图、奇异的色调、晦涩的词句、无调的音乐等也就不足为奇了。现代主义艺术的先锋性注定其必然是疏远大众、拒绝通俗的，它对没有加入进来的人是不可理解的，但对加入进来的人来说却是极易洞察的。[9]

此外，虽然现代主义精英们似乎一直在寻找一片与世俗社会相隔离，仅仅属于艺术的天地，但现代主义艺术并不是真正想脱离生存世界，艺术精英们实际上从一开始就要让艺术承担起一个沉重的责任，那就是拯救。[10] 蒙德里安要在几何色块中找到世界的终极真理——和谐；贾柯梅蒂（Alberto Giacometti）说他进行艺术创作是为了抵抗死亡；现代主义建筑先驱们则希望通过简化造型、降低成本、强调功能来更好地为普通民众服务，从而达到社会改良的目的。艺术在这里有如此重大的意义，几乎成了世界的全部内涵的载体，而现代主义精英们也追求从各自不同的领域创造某种类型的希望，从而影响社会，履行自己的救世责任。

4.1.2　现代主义与景观设计的契合

（1）现代景观与现代主义景观

现代景观与现代主义景观具有内在紧密的联系，但涵盖的内容却不完全一致。一般来说，"现代"一词主要是一个时间概念，意味着与时代同步。据谢立中教授考证，现代（Modern）一词源于公元4世纪出现的拉丁语单词"modernus"，而后者又起源于拉丁词"modo"。意思就是"目前"、"现在"、"今天"，泛指人们正在经历的任何一个当前的时间阶段，这也是对"现代"一词广义上的理解。而大多数时候，"现代"则被用来特指人类历史演变过程中的某一个特定时期。就西方社会而言，"现代"一词在日常社会生活中常常被用来指称"20世纪"，例如纽约"现代艺术博物馆"收藏的基本上都是20世纪以来的艺术品。在一些学术文献中，它也被用来指大约从17世纪开始以来的这一段历史演变时期。[11] 此外，"现代"一词除了作为时间概念，还包含着"比过去更好、更新、更进步、更优越"等方面的意思，这实际上也是我们日常生活中关于"现代"的最常见的一种理解。

因此，"现代景观"是一个含义很宽泛的词汇，它既是具有时间阶段特指含义的概念，指现代时期尤其是20世纪的所有景观；同时也可以指那些与传统风格迥异，能体现时代精神的景观。就前一种含义而言，它囊括了20世纪各种风格的景观设计；就后一种含义而言，它主要强调新颖而并不体现明确的时间范围。与"现代景观"相比，"现代主义景观"则更多表达的是思想、风格和形式方面的概念，它主要指在现代主义艺术思潮和艺术运动影响下形成的一种有别于传统、具有现代主义诸多特征的景观形式。它是20世纪西方景观的主流风格，也是20世纪西方景观设计发展的主线。

（2）现代主义在景观设计中的表现

西方曾有一些景观学者和理论家认为与在文学艺术和建筑领域所取得的成就相比，现代主义对景观几乎没有产生过深远的影响。美国景观设计师玛莎·施瓦茨（Martha Schwartz）就认为景观设计是一种以服务为导向的行业，它不仅受到经费限制、受到业主的支配，而且也受到设计媒介的约束，因而景观从整体上与现代主义没有发生什么联系；加拿大蒙特利尔大学景观学教授彼得·雅哥布斯(Peter Jacobs)也提出，包豪斯的现代主义主张没有对景观产生多少影响。[12] 但是从前文对现代主义特征的分析可以发现，现代主义对20世纪的西方景观设计产生了深远的影响。

在传统社会中，景观设计师依附于皇室、贵族和富有的私人业主，他们的口味决定了景观的风格和形式，设计师居于次要地位，往往只负责将业主的想法用技术加以实现。比如宏伟的凡尔赛宫苑实际上就是路易十四"朕即国家"思想的实景展现。从 19 世纪后期开始，随着民主思想的发展，城市中的公共景观项目逐渐增多。进入 20 世纪之后，公园、广场、道路等公共景观项目越来越多，这些公共景观的形式不再由个别业主来决定，需要景观设计师更多地发挥专业能力，这使得景观设计师的个人能力和作用得到有力的强调，使其成为新的现代主义先锋力量。同时，现代主义思潮的广泛传播，也培育出新一代富有思想的景观设计师。他们认为，景观设计应当表达新时代的生活和文化，因而设计师不应该沿袭已经不合时宜的景观形式和手法。他们充满创造精神，渴望超越传统，不断创作出形式新颖、个性鲜明的景观作品。此外，这些深受现代主义影响的景观设计师，不仅停留在形式和风格的创新，他们也积极调整了景观设计价值关怀的社会起点。他们主张景观设计应该与普通人密切结合，关心普通人的生活，从而使景观的形式成为人们生活形式的体现。加勒特·埃克博（Garrett Eckbo）就提出，"现代景观设计不是关于宏伟的空间，而是关于塑造和发展空间的人。"[13] 这使得人本主义精神在景观设计中得到不断深化，景观也与其他艺术形式一样，成为先锋设计师们表达自己社会理想的重要途径。

综上所述，现代主义的人本性、创造性和精英性特征在 20 世纪的景观设计中得到了充分的表现。因此，现代主义对景观设计的影响是极为深远的。正是因为现代主义的影响，20 世纪的西方景观不再表现出像意大利文艺复兴园林、法国古典主义园林或是英国自然风景式园林那样能够主导一个时代的统一风格，它呈现出丰富多彩的理念、形式和手法，而"现代主义景观"则成为囊括这些不同理念、形式和手法的理想代名词。

（3）现代主义对景观设计的贡献

现代主义作为在各个艺术门类中都产生广泛影响的文化思潮，对 20 世纪的西方景观设计也做出了巨大的贡献。在思想层面，现代主义将人本精神充分灌输到景观设计领域。奥姆斯特德把公园看作社会民主和平等的象征，希望为各个阶层居民提供平等享受自然景色的场所；唐纳德将"功能"提高到景观设计的核心地位；丘奇提出"景观是为人的"；埃克博提出"景观是为生活的"……这些都使得"以人为本"成为 20 世纪景观设计的一条重要原则。在形式层面，现代主义为 20 世纪的西方景观形式开辟了新的道路。现代主义绘画、雕塑和建筑为景观提供了丰富的形式语汇和表现手法，使 20 世纪的景观形成了与传统园林截然不同的形式特征，从而使景观设计彻底摆脱了规则式和自然式两种形式之间非此即彼的形式桎梏。在设计方法层面，现代主义廓清了设计的起点应当是功能而非某种传统或先验的模式这一观念，从而使景观设计从注重风格的选择转向了强调实用和美的结合，从而赋予景观设计以新的创作出发点和更大的创作自由度。因此，现代主义对于景观设计的影响是巨大的，它为西方景观设计开辟了一条新路，使其真正走出了传统的天地，形成了崭新的设计原则、风格形式和丰富的创作手法。

4.2　现代主义景观的实践

4.2.1　美国

20世纪30年代，美国景观设计的现代主义运动在这块当时处于动荡中的土地上试探性地展开。虽然斯蒂尔、唐纳德等人发表过关于现代主义景观设计的主张，但由于经济大萧条和二战的影响，景观设计领域对此的整体反应比较迟缓。巴黎美术学院的传统一直笼罩着美国的景观设计，多数设计师仍然停留在传统园林的规则式或自然式的处理手法上。但这样的情况并不会持续太久，因为用马克思主义观点来看，艺术是一种特殊的生产方式，艺术生产同物质生产一样，当生产关系不能适应生产力发展时，革命就会爆发。艺术生产力包括主观和客观两个方面的因素。[14] 从主观因素来说，美国此时已经汇聚了来自世界各地的最富创造力的艺术家和设计师，他们给这个国家注入了现代主义艺术的新鲜血液；从客观因素来说，景观设计所面对的新的功能要求和场地条件需要新的形式与之相适应，而新材料、新技术在建筑领域的大量运用，也为景观设计的发展提供了必要的物质技术条件。因此，景观设计的现代主义革命成为时代发展的必然。

（1）哈佛革命

20世纪30年代至40年代，由于第二次世界大战的爆发，欧洲许多颇有影响的艺术家、建筑师纷纷来到美国寻求庇护，这也使得世界艺术中心从巴黎转移到了纽约。1937年，格罗皮乌斯为了逃避欧洲战火和纳粹的独裁统治，来到美国并担任哈佛大学设计研究生院的院长。格罗皮乌斯将包豪斯的办学精神带到哈佛，彻底改变了哈佛建筑专业的"学院派"传统。在他的指导下，哈佛建筑系很快成为一个酝酿新思想的场所，充满着令人激动的探索气氛。

相比较而言，当时哈佛大学的景观设计专业只成立了30多年，仍然禁锢在巴黎美术学院的教育方式之中。亨利·哈伯德①（Henry Vicent Hubbard）和西

---

① 亨利·哈伯德是美国景观设计师和教育家。作为哈佛大学第一位获得景观设计学位的学生，后来成为哈佛大学景观设计教授。西奥多拉·金博是亨利·哈伯德的夫人。

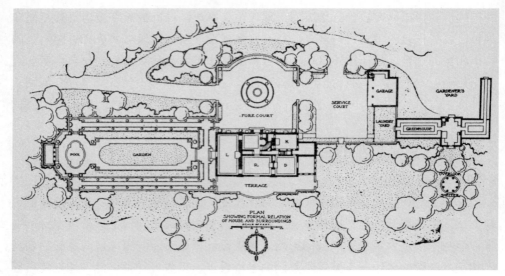

图 4-1 《景观设计研究导论》中的案例

奥多拉·金博（Theodora Kimball）在 1917 年出版了《景观设计研究导论》（An Introduction to the Study of Landscape Design），这本书成为美国高校景观专业的权威著作，也被哈佛的学生奉作"圣经"。书中认为，当代景观设计有两种模式：古典的和浪漫的。古典的是规则式的，意味着严谨和稳定；浪漫的是不规则式（自然式）的，强调变化、对比和情感。[15] 这两种模式实际上是对 19 世纪西方园林风格的归纳。在书中，哈伯德和金博更加偏爱规则式，这也是当时小型庭园的主要形式。

　　同时，他们倾向于从视觉和心理的感受出发来进行景观设计，也就是在设计之前就为场地赋予了某种先验的样式，他们认为设计师应该对规则式和自然式都有良好的认识，并且具备偶尔在设计中将两者加以结合的能力。就像图 4-1 展示的那样，建筑附近的庭园采用规则式，而周边则采用 18 世纪英国风景园的自然式布置。这种巴黎美术学院式的设计方法过于依赖视觉和心理的感觉，并且总是从已有的形式要素而非创造性的设计语汇出发进行设计。这对于二战之后户外空间更加有限，而功能要求更为多样的现代庭园来说就显得不太适合了。

　　当哈佛的建筑专业在格罗皮乌斯的领导下，表现出积极革新的面貌时，景观专业的教授们却认为景观不同于建筑，建造景观的材料没有什么变化，自然的草地和树丛对于古典建筑和现代建筑同样适合，景观的革新无非是规则式和不规则式之间微妙的平衡变换而已。但渴求新思想的学生们却不愿接受这样的观点，以加勒特·埃克博、詹姆斯·罗斯（James Rose）和丹·凯利（Dan Kiley）为代表的哈佛景观专业学生，积极研究现代主义艺术和现代主义建筑的作品和理论，探讨它们在景观设计上可能的应用。他们在设计中学习现代主义构图技巧，并努力尝试将钢筋混凝土、玻璃、钢材等新材料运用到设计之中。

1938年至1941年，埃克博、罗斯和凯利三人在《笔尖》（Pencil Point）、《建筑实录》（Architectural Record）等专业期刊上发表了一系列的文章，提倡从功能和空间而非形式入手进行景观设计，并对城市和郊区的景观设计提出了新的思想。他们的文章和研究深入人心，彻底动摇了学院派的传统教条，推动美国的景观设计朝向适合时代精神的方向发展。这就是后来在景观领域被人们津津乐道的"哈佛革命"（Harvard Revolution），这三位学生也成为后来美国景观设计领域的先锋人物。1939年，唐纳德应格罗皮乌斯之邀来到哈佛，他也站在埃克博、罗斯和凯利一边，与守旧派之间进行论战，他们的努力在美国景观设计领域掀起了一股不可逆转的现代主义潮流。

（2）加州花园和加州学派

加利福尼亚海滨地区具有典型的地中海气候，气温在冬季的18℃到夏季的38℃之间变化。温暖的气候，晴朗的天空，低湿度，少蚊蝇，使户外生活极为适宜。二战之后，随着经济的恢复和发展，加州的生活方式也逐渐完善和成熟。由于汽车的普及，可用于庭园的建筑面积缩减，加之当地居民热爱户外活动、喜欢在室外聚餐和欣赏自然景色，而传统园林的规则对称或自然形式都难以很好满足这些功能需要，这为新的庭园形式的形成提供了必要条件。于是，从20世纪40年代开始，一种带有露天木制平台、游泳池、不规则种植区和自由平面的庭园形式在加州悄然兴起，并受到当地居民的广泛喜爱，在美国景观行业中引起强烈的反响。这种庭园能够满足加州居民的户外生活需要，被称之为"加州花园"，同时也形成了以设计师托马斯·丘奇（Thomas Church）为代表的加州学派。

丘奇早年在加州大学伯克利分校学习，后来进入哈佛大学设计研究生院深造。1926年，丘奇获得哈佛旅行奖学金，得以去欧洲学习意大利和西班牙的园林，并希望根据加州的气候和社会状况吸收地中海园林的特点。回国后，他在提交的硕士论文中，比较了地中海和加州在气候和景观上的相似性，研究了如何将地中海的园林传统应用到加州，这对他以后的景观设计生涯产生了重要的影响。[16]20世纪30年代后期，丘奇再次游历欧洲，参观了斯堪的纳维亚，并会见了芬兰建筑大师阿尔瓦·阿尔托（Alvar Aalto），阿尔托的设计语言给了他很大的启发。（图4-2）在研究了阿尔托、柯布西埃的建筑和一些现代主义画家、

图 4-2 阿尔托设计的庭园水池

雕塑家的作品之后，他开始了一个试验新形式的时期。他在满足功能要求的前提下，将立体主义、超现实主义的艺术成果运用到景观中，不仅利用多重视点来形成全方位的视觉感受，而且将锯齿线、钢琴线、梭镖形、阿米巴曲线等形式语汇结合到庭园的平面构图中，从而彻底抛弃了传统的轴线，形成简洁流动的平面构图形式。此外，丘奇事务所所在的旧金山湾区，此时已经形成了相对成熟的艺术和文化环境，丘奇经常邀请艺术家、建筑师、摄影师等到他的办公室共进咖啡，并自由地讨论彼此的作品。[17] 这使得他和他的事务所有机会接触新的艺术思想，并将其运用于景观设计之中。

　　丘奇最著名的作品是 1948 年设计的唐纳花园（Donnel Garden）。庭园根据功能，划分出入口院子、游泳池、餐饮处和休闲平台几个部分。平台的一部分是美国杉木铺装地面，另一部分是混凝土地面。庭园轮廓以锯齿线和曲线相连，梭镖形泳池的流畅线条以及池中雕塑的柔和曲线，与远处海湾的曲线相呼应。精心挑选的树木起到很好的框景效果，将远处的原野、海湾和旧金山的天际线带入庭园中。（图 4-3）他同时期的其他作品，如阿普托斯（Aptos）的马丁庭园（Martin Garden）、旧金山的 Kirkham 庭园等也都体现了类似的特征。

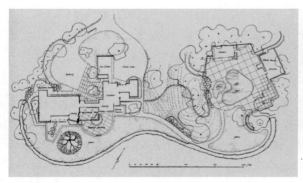

图 4-3（a） 唐纳花园平面图

图 4-3（b） 唐纳花园实景

加州也吸引了许多雄心勃勃的青年设计师，比如加勒特·埃克博、劳伦斯·哈普林（Lawrence Halprin）、罗伯特·罗伊斯通（Robert Royston）、奥斯芒德森（T. Osmundson）等，他们后来都成为美国景观领域的重要力量。这些年轻人在创立自己的事业之前都曾或长或短地在丘奇的事务所工作过，并深受丘奇的影响。他们以丘奇为核心，形成了著名的"加利福尼亚学派"。他们的作品被当时的《美丽家居》（House Beautiful）、《住宅和庭园》（House and Garden）、《日落》（Sunset）等一些畅销杂志所转载，并成为大众模仿的样板。虽然他们的设计手法并不完全相同，但整体上体现出一些共同的特征。那就是把景观看作功能性、艺术性和社会性的综合体，并希望通过景观展现出人们对于气候、场地条件和生活方式等各个方面的考虑。

　　加州花园被评价为"自19世纪下半叶奥姆斯特德式的环境设计传统以来，对景观设计领域最有意义的贡献之一"。[18] 其中尤以唐纳花园最具代表性。它集中了现代主义景观的主要设计原则，包括否定历史的风格、远离传统的规则式或自然式手法，引入现代艺术的形式语言，形成完整而具有动态性的空间结构等。而其中精心挑选的植物品种恰如其分地成为空间结构的一部分，展现了户外雕塑般的品质。最重要的是，这个庭园是为人而设计的，它的存在就是为了被人所使用。1955年，丘奇出版了他的著作《园林是为人的》（Gardens are for People），对他的思想和作品作了总结。加州花园探索的成功，使得加利福尼亚成为美国现代主义景观实践的前沿阵地，加州学派的设计师们也将加州景观探索的成果传播到美国的其他地方。

　　（3）现代主义景观的全面确立

　　20世纪五六十年代是美国景观设计行业发展过程中的一个重要时期。由于战后美国经济的持续发展，以及美国政府所支持的大量重建和开发项目的出现，为景观设计行业提供了大量的实践机会。此外，在"哈佛革命"和加州学派的影响下，现代主义思想在美国的景观设计中已经广泛传播，青年设计师在这一过程中迅速成长起来，创作出许多优秀的现代主义景观作品，完全改变了美国的城市景观面貌。

　　"哈佛革命"的三位主要成员此时都已成长为美国景观设计领域的精英。埃克博从哈佛毕业后，在丘奇的事务所进行了短暂的学习，开始自己独立开业。他和威廉姆斯（Edward Williams）、罗伊斯通在1945年一起创办事务所，该事务所在随后的20年间发展成美国著名的景观规划设计公司——EDAW公司。

　　1950年，埃克博出版了《为了生活的景观》（Landscape for Living）一

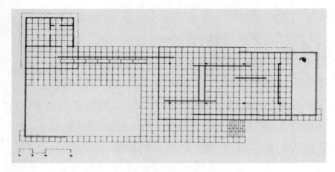

图 4-4（a） 巴塞罗那德国馆平面

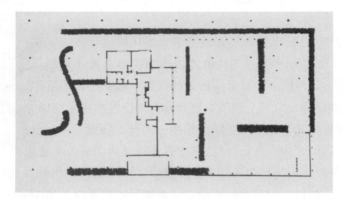

图 4-4（b） 蒙罗·帕克庭园平面

书，在书中他将空间、功能、材料和气候的地域性作为设计的四个出发点。作为现代主义景观设计先锋，埃克博并不完全否定传统，他认为传统中有很多有价值的东西，比如规则式中的理性秩序以及自然式中对自然力量和美的认同。他认为新的形式应当保持这种传统，所以在他的作品中，虽然没有古典式的中轴对称，但自由的形式组合中透射出清晰的秩序感。埃克博并没有很固定的形式语汇，无论是直线、锯齿线、弧线都会出现在他的设计构图中，但他的设计体现出很强的形式构成特征。在加州蒙罗·帕克庭园（Menlo Park Garden）中，他通过将低层灌木和果园树木布局相叠加，形成了一个有序、透明和充满活力的流动空间，很像密斯在巴塞罗那德国馆（German Pavilion）中采用的空间组合。（图 4-4）在他设计的比佛利山水池庭园（Pool Garden）中，他对更为复杂的几何形体之间的穿插进行了试验，在庭园的平台设计中采用斜线来打破建筑线条的限定，结合有机形式的泳池与建筑形成了一种相互呼应和拥抱的关系。（图 4-5）他在比佛利山设计的另一个庭园——Goldstone 庭园则更加体现了从康定斯基的抽象绘画中借鉴的形式元素。（图 4-6）

　　与埃克博不同，"哈佛革命"的另一位主要成员凯利没有拿到学位就离开了哈佛，到美国东海岸从业。这里是美国现代主义建筑运动的中心，因此凯利有机会结识了埃罗·沙里宁（Eero Saarinen）、路易斯·康（Louis Isadore Kahn）等著名建筑大师。受他们的影响，凯利的景观作品体现出强烈的建筑特征。他的作品常常将建筑的几何关系反映到景观中,使得室内空间和室外空间形成完美的过渡。像埃克博一样,凯利也未能完全抛弃传统,他甚至从法国古典主义园林中学习到通过明确、清晰的空间结构来实现对大尺度环境进行控制的方法,今天的人们不难从凯利的作品中发现勒·诺特园林的特征。但凯利的作品并不是照搬古典园林的中轴对称,他在1955年设计的米勒庄园(Miller Garden)中,将古典主义的大草坪、林荫道、轴线等元素吸收进来,但对其使用手法加以改变,使其

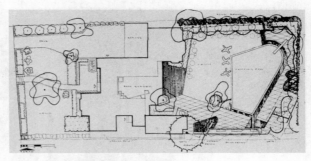

图 4-5　比佛利山水池庭园平面图

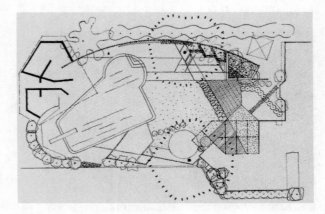

图 4-6　Goldstone 庭园平面图

成为建筑空间的延伸,并且塑造了花园、秘园、餐台、泳池、游戏草地等一系列功能空间。米勒庄园被严格的几何关系控制,但因为使用了不对称布局,整个空间并不给人以僵硬之感;相反,通过疏密、张弛、开阖的节奏变化,庄园取得了富于变化的空间效果。[19]（图 4-7）在与 SOM 建筑设计事务所合作的科罗拉多空军学院中,他采用几何分割的草地和水池,展示了与建筑相联系的比例模数和韵律。（图 4-8）在 20 世纪五六十年代,凯利还设计了许多公共和私人工程,比如洛克菲勒学院、杜勒斯机场等,逐渐建立起一整套成熟的设计语言。

　　罗斯在三个人中影响较小,保留下来的作品也很少。他在自己的文章中提炼出两条主要设计思路:一是将景观设计定义为"户外雕塑",因此将其与艺术联系起来;二是从场地现状而非平面图案出发产生设计。他从场地出发构思景观,因而经常直接在场地上进行创作。他认为"土地是可塑的媒介,具有像雕塑一样的无限可能性"。[20] 这种工作方式也使得他不像其他设计师那样拥有数量丰厚的作品。

图 4-7　米勒庄园景观

图 4-8　科罗拉多空军学院景观

　　加州学派的主要成员此时也都开始形成自己的设计风格。劳伦斯·哈普林早期设计了一些典型的"加州花园"，为"加州学派"的发展做出了贡献。但是不久，他就转向公共景观设计，在设计语言上也放弃曲线，转向运用直线、折线、矩形等形式语言。他在设计中强调对于自然及其过程的理解，并且在深入理解自然及其秩序、过程与形式的基础上，以一种艺术抽象的手段表现自然的精神，所以他的作品总是蕴含着内在的地域和乡土特征。哈普林最有代表性的作品是 20 世纪60 年代为波特兰市设计的一组广场和绿地，包括三个节点及其之间的一系列林荫道。"爱悦广场"（Lovejoy Plaza）是这个系列的第一个节点，广场上不规则的台地是对自然等高线的抽象和简化；广场上休息廊的不规则屋顶则来自于对洛基山山脊线的提炼；喷泉的水流轨迹是他反复研究加州席尔拉山（High Sierra）山间溪流的结果。（图 4-9）第二个节点柏蒂格罗夫公园（Pettigrove Park）是一个供休息的安静而青翠的树荫区域。最后一个节点演讲堂前庭广场（Auditorium Forecourt，现称为 Ira C. Keller Fountain）是整个系列的高潮。广场上用混凝土

图 4-9（a） 爱悦广场全景

图 4-9（b） 爱悦广场喷泉

块构成瀑布，一连串的清澈水流自上层开始以激流涌出，倾泻而下，这是对美国西部悬崖与台地的大胆联想。（图 4-10）爱悦广场的生气勃勃、柏蒂格罗夫公园的松弛宁静、演讲堂前庭广场的雄伟有力，三者之间形成了对比，并互为衬托。他在 1962 年开始设计的位于旧金山北部的海滨农庄住宅区（Sea Ranch）完整保

图 4-10 演讲堂前庭广场实景

留了地域的自然特征，在土地不受破坏、野生资源获得保护的前提下，为居民和其他人享受野外粗犷的自然风景提供了机遇。

　　同样是丘奇工作室培养出来的奥斯芒德森和罗伊斯通也都创作了一批优秀的景观作品。奥斯芒德森在 1960 年为奥克兰市恺撒中心（Kaiser Center）设计的屋顶花园，由于建筑的柱网结构决定了树木的位置，但他采用流畅的有机曲线打破了这一限制，使花园呈现出动感和变化。（图 4-11）罗伊斯通则擅长用抽象线条来定义一个庭园或公园中的中心场所，使之形成一个"开放的中心"。[21]他在加州帕罗奥多（Palo Alto）设计的 Mitchell 公园的儿童游戏场采用了与恺撒

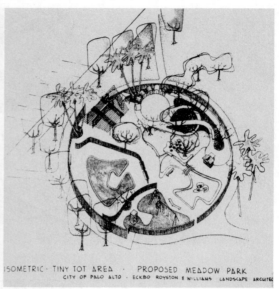

图 4-11　恺撒中心屋顶花园　　　　　图 4-12　Mitchell 公园的儿童游戏场设计图

中心类似的形式构成，在一块圆形区域内创造了融多种活动功能于一体的中心游戏区。（图 4-12）

　　此外，一些艺术家也开始涉足公共景观设计领域，他们给景观带来了更多的艺术创意。自现代主义运动以来，虽然追求创新的景观设计师们已从现代主义绘画中获得了许多灵感，然而现代主义雕塑在很长一段时期内仍然只是作为景观中的点缀，并没有对景观设计发展起过实质的作用。较早尝试将雕塑艺术与景观设计相结合的是日裔美籍雕塑家野口勇（Isamu Noguchi），他在 50 年代开始从事公共景观创作。他以一种类似于后来出现的大地艺术的方式将雕塑和建筑融于景观之中，他的作品被评价为"有意义地影响了美国景观的设计语汇"。[22] 尽管他在美国创作了不少景观，但最有代表性的则是在 1956 年为巴黎联合国教科文组织总部设计的庭园。这个庭园设计分为两个部分，有着多层含义。较高层的台地部分是会议代表休息的内庭园，按日式禅宗园的形式布置，里面放置石雕，表现文化；较低层的台地部分用超现实主义的形式对传统日式园林要素重新整合。一条直线形水渠将两个部分联系起来，形成一个可以供人散步的庭园空间。（图 4-13）

　　到了 20 世纪 60 年代，随着大型规划项目越来越多，许多曾经的景观设计公司转型去承接一些更大规模的项目，这些项目对于功能、工程技术的要求更高，

图4-13　巴黎联合国教科文组织总部庭园

规划、施工和管理与艺术效果比起来，在设计中占据更大的比重。这些大型的公共项目往往需要规划师、建筑师和景观设计师形成一个团队，不可能一个人单独从事整个项目，这也使得个人的艺术创造力受到限制。同时，由于竞争激烈，许多公司形成了更强的为客户服务的意识，设计师们开始习惯于运用已经成型的设计语言满足客户要求，这些原因使得四五十年代那种充满艺术想象力的景观创作变得稀少。不过无论如何，在一大批景观设计师的努力下，美国的景观在20世纪中期最终摆脱了传统的束缚，现代主义景观全面确立起来。

4.2.2　欧洲

第二次世界大战结束后，欧洲各主要城市急待重建和发展，也由此带来了大量的建设项目。同时，战后资本主义世界各国由于军队人员复员、殖民地侨民回归等因素，人口迅猛增长。战后15年，英国人口增加了270万，法国增加了480万，西德增加了920万。[23] 这给城市住宅和基础设施都带来了巨大的压力。为解决城市中这些最为棘手的问题，各国政府首先把精力放在住宅和大型基础设施的建设上，如高速公路、桥梁和渠道、水坝和铁路等，所以城市建设工作此时基本是由工程师和技术人员垄断，人们也无暇顾及景观设计，这使得欧洲景观设计的发展受到一定的制约。[24]

战后欧洲的私人庭园项目急剧减少，一些公共景观项目也只是以绿化为主，只有很少的设计师能够继续景观设计上的探索，其中最有代表性的当属英国的杰弗里·杰里科（Geoffrey Alan Jellicoe）。杰里科早年曾专门研究过意大利古典园林，并在 1925 年出版第一部著作《文艺复兴时期的意大利园林》，后来又深受现代主义运动的影响，因此他的作品中经常表现出古典风格和现代精神之间的联系。杰里科具有很高的艺术素养，他的设计灵感来源于两个方面：一方面是欧洲古典园林，这得益于他早年对意大利园林的研究，而他所创作的许多作品也都是对古典园林的改造；另一方面是现代主义思想，他对保罗·克利、马列维奇、康定斯基、毕加索等艺术家的作品都由衷欣赏。在这些艺术家中，他认为保罗·克利对自己的影响最大，他的许多设计思想和手法也都来自于克利。[25] 克利喜欢将无意识的要素带入绘画，在不自觉地创作过程和潜意识中游走。这对杰里科启发很大，他的作品中常出现一些不规则的曲线水面和花坛，并善于用植物和雕塑营造神秘的氛围，这些都使他的作品经常出现梦幻般的场景。在 1962 年，杰里科为白金汉郡（Buckinghamshire）的 Astor 家族重新塑造了一个玫瑰园。该庄园坐落于俯瞰泰晤士河的高地上，这里的建筑最初建于 1666 年，园林是 19 世纪混合风格的意大利模式。新的玫瑰园平面参照了克利的绘画，园中的环形路线以一座文艺复兴的人像为中心，每条道路外缘和内缘之间有所偏离，呈现出向外的离心图案。（图 4-14）杰里科看上去要在这里营造两种角度的观察，一种是以不同的视角观察外部世界，一种是以人文主义的视角观察内心（因为圆心是一座文艺复兴人像）。[26]（图 4-15）在 1963 年，肯尼迪总统遇刺后不久，英国政府决定在拉尼麦德（Runnymede）一块坡地上为其建造一个纪念园。杰里

图 4-14　Astor 家族玫瑰园鸟瞰

图 4-15　Astor 家族玫瑰园景观

科用一条小石板铺砌的道路蜿蜒穿过一片自然生长的树林，引导参观者到达长方形的纪念碑前。白色纪念碑后的橡树树叶会在每年11月总统遇难的季节变红，具有强烈的感染力。从纪念碑再经过一片开阔的草地，踏着一条规整的小路可以到达坐憩的地方，在此可以俯瞰泰晤士河景色。整个纪念园既有现代的简约，又有古典的神秘，营造出一种能够唤起人们内心对生与死深层含义理解的环境。（图4-16）

此外，北欧诸国由于在战争中所受破坏较小，所以在20世纪中期进入设计的一个辉煌时期，在建筑、景观和工业设计中都发展出自成一派的斯堪的纳维亚风格，形成了具有本土特色的现代主义设计。20世纪50年代，在战前探索的基础上，北欧的景观设计师也在探索着将景观提高到艺术的层面上。随着丹麦的索伦森（Carl Theodor Sørensen）、埃斯塔特（Troel Erstad）和雅各布森（Arne Jacbosen）及瑞典的海默林（Sven A. Hermelin）和格莱姆（Erik Glemme）等景观设计师的崛起，北欧景观设计的地位更加突出。在这一时期，北欧景观设计师一方面关注景观功能与形式的探讨以及二者的结合问题，另一方面积极致力于本土特色与现代主义的融合。丹麦和瑞典的景观设计在这一时期都形成了各自的特征：丹麦继承了传统的绿篱作为主要景观元素，并与简单几何形空间结合；瑞典则形成了以"自然"为导向的庭园和公园设计。

丹麦由于地势较低，传统园林中常以绿篱来阻挡寒风，加之受到现代主义设计中几何形式和本土美学思想的影响，形成了丹麦特有的"绿色几何"风格的景观。早在30年代，景观设计师布兰德特（Gudmund Nyeland Brandt）就做过相关的探索，他设计的Mariebjerg公墓就是由相互连接的矩形围合成空间，以紫杉形成绿篱，并对每个空间都作了不同的布置。二战后，索伦森超越布兰德特早期现代主义僵硬的几何形式，形成了更富有创造性的几何形式，因而被誉为"丹麦景观雕塑家"。[27] 索伦森喜欢用几何原形，并对几何形的重复排列、简单并置、自由组合与相互关系进行探索，他的作品通过几何形式塑造出充满变化的空间，人们必须使用空间和在空间中移动才能很好地体验它。索伦森在战后设计的Naerum家庭花园、Kalundborg教堂广场、音乐花园和Sonja Poll花园等都体现了这一特征。[28]（图4-17）而他在Birk设计的几何庄园则在更加广大的尺度上展示了绿篱与几何的魅力，与后来出现的大地艺术有着某些相似之处。（图4-18）

瑞典的文化塑造了他们的景观。斯文·理查德（Sven Richard Bergh）在世纪之交所创作的《北欧夏季的黄昏》（Nordic Summer Evening），展现了启发瑞典人心灵本质的浪漫主义。（图4-19）这幅画强调了人物所眺望的景观的重

图 4-16 肯尼迪纪念园

图 4-17 Naerum 家庭花园鸟瞰

图 4-18 Birk 几何庄园鸟瞰

图 4-19 北欧夏季的黄昏（斯文·理查德，1899—1900 年）

要性，瑞典景观设计师学会的奠基人海默林所强调的瑞典景观中的关键元素，包括森林边缘、水湾、林间空地和草地，都包含在这幅画里。现代主义的传播没有让瑞典景观走上几何化道路，而是让人们理解景观是为大众而设计的，而自然则是人性的皈依。于是，在现代主义人本精神的启迪下，瑞典景观的特色又回到了"自然"的根上。从 20 世纪 30 年代开始，海默林等设计师重新将瑞典风景的特征——林地、水湾和自然草地等要素引入景观设计中，使得瑞典形成了以自然式创作风格为主的"斯德哥尔摩学派"。此外，斯德哥尔摩公园发展局在 20 世纪 30 年代到 50 年代建造了大量的公园，形成了斯德哥尔摩公园体系。这些公园景观虽然没有引入多少现代艺术语言，但形成了以树林、缀花草地、小树丛、溪流和伸入湖中的岩石等为特征的极富地方特色的景观，表现了瑞典人对于自然的无限热爱。

4.2.3　拉丁美洲

从中世纪末期开始，欧洲殖民者开始对美洲的殖民。到 16 世纪中叶，北起加利福尼亚湾，南至南美洲最南端，几乎都被西班牙和葡萄牙所占领。三个世纪的殖民统治使得拉丁美洲的文化深深打上了殖民国家的烙印。从西班牙和葡萄牙移植过来的伊斯兰文化与印第安土著文化、非洲黑人文化相结合，形成了拉丁美洲感性、外向而具有浪漫品质的多元文化特点。20 世纪 30 年代末在拉美的景观设计中开始出现对学院传统的质疑和对自身文化的呼唤，这在巴西和墨西哥表现得最为明显。景观设计师们既吸收了来自欧洲的现代主义思想，又创造性地将其与自己国家的气候条件以及民族风格相结合，从而推动了具有地域特色的现代主义景观的发展。

（1）罗伯特·布雷·马科斯（Roberto Burle Marx）

罗伯特·布雷·马科斯是 20 世纪巴西最著名的景观设计师，他的作品以极富表现力的形式和对乡土传统的尊重而独树一帜。马科斯早年曾去德国学习艺术，在那里他初次接触了欧洲的现代艺术，毕加索等艺术大师的作品给他留下了深刻的印象。后来，他又进入里约热内卢国立美术学校学习，在绘画艺术上取得了一定成就。[29] 他不是像美国的现代主义景观设计师那样只是借鉴现代绘画的某些形式，而是将整个场地作为自己的画布，像作画一样设计园林景观，因此他曾经说"我画我的园林"，这正道出了他的设计手法。

从马科斯的设计平面图可以看出，他的形式语言大多来自于胡安·米罗（Joan Miro）和让·阿普（Jean Arp）的超现实主义艺术。他将绘画中那有机的线条运用到景观设计之中，用抽象的块面、线条及图案形成园林中的花坛、水面、道路以及铺装样式，使得每个景观作品都像是一幅超现实主义绘画一样。（图 4-20）他的景观没有任何琐碎之感，这种绘画式平面展现了整体美、抽象美和图案美，同时表达了拉丁美洲文化中特有的激情和活力。当然，他的景观绝非二维的平面，而是在其中营造了一系列令人愉快的活动和休息空间。他在 1948 年设计的奥德特·芒太罗（Odette Monteiro）庄园是他最有代表性的庭园景观作品之一。园中弯曲的道路将人的视线引向远方，大团块的各色花卉勾勒出道路的轮廓，花

图 4-20　奥德特·芒太罗庄园平面图

图 4-21　奥德特·芒太罗庄园实景

图 4-22　柯帕卡帕那海滨大道

卉颜色的强烈对比具有很强的视觉冲击力。园内还有一个小湖，湖边栽着水生植物，园中还做了以不同植物拼成流动图案的花床。抽象画一般的平面营造出多种多样的庭园空间，丝毫没有显示人统治自然的强烈意志，艺术和自然很好地融合在一起。（图 4-21）

　　此外，马科斯的作品也体现了对于地方自然和文化传统的尊重。马科斯不仅是位优秀的画家，而且具有丰富的植物学知识。他主张采用当地的乡土植物，把许多曾经被当地人不屑一顾的热带乡土植物引入景观设计，并通过植物形态、质感、花色的大面积的对比，使之形成五彩斑斓的视觉效果。他认为艺术是相通的，无论是绘画还是植物设计，都有共同的艺术原理。马科斯还将殖民地时期建筑的马赛克贴面提炼出来用于景观的铺装和装饰中，他保留了传统的黑、白、棕色的马赛克色彩，但将其应用于抽象的图案，体现了历史与文化的现代表达，极具艺术感染力。这一特点在柯帕卡帕那（Aterro de Copacapana）海滨大道的铺装设计中达到完美的展现，抽象的线条图案隐喻了巴西特有的地形地貌，海边步行道的水波纹铺装无疑是海的表达。（图 4-22）只有对自然有深刻领悟的人才能做出这样动人的作品，只有对艺术语言驾驭娴熟的人才能如此挥洒自如。可以说，马科斯的设计始于绘画，而终于景观。马科斯将景观视为艺术，他的设计语言如曲线花床、马赛克地面被广泛传播，在全世界都有重要的影响。

（2）路易斯·巴拉干（Luis Barragan）

墨西哥建筑师路易斯·巴拉干和他的同辈马科斯分享着同样的民族意识，两个人都希望为殖民地化的故乡创造一些新的东西。马科斯是采用抽象绘画的方式来营造热烈奔放的乡土景观，巴拉干则以色彩明亮的墙体与水、植物和天空形成强烈反差，创造出宁静而富有诗意的心灵庇护所。

巴拉干在1925年游历欧洲并在欧洲逗留两年，其间参观了1925年巴黎的国际装饰艺术与现代工业博览会，从而与欧洲现代主义接触。此外，他还参观了西班牙园林、意大利园林和地中海北部的园林，这使他早期的作品反映了西班牙、墨西哥、地中海风格与现代主义的综合影响。1931年，巴拉干第二次旅行，到达了法国、摩洛哥、意大利、瑞士和北美等地。两次旅行，使他不仅对现代艺术和现代建筑的发展比较了解，而且加深了他对于墨西哥传统的地中海精神的理解。尤其是摩洛哥之行，对他的设计产生了重要影响。他发现摩洛哥是一个色彩丰富的国家，这里的建筑色彩与当地的气候、风景和服饰十分协调，而墨西哥的民居、白墙、宁静的院子和色彩明亮的街道，与摩洛哥的村庄和建筑之间存在着深刻的联系。因此，色彩一直成为巴拉干设计的一个重要主题。

20世纪50年代至60年代，巴拉干做了许多居住区的规划和景观设计。由于巴拉干一生酷爱骏马，所以他自己开发了一系列以骑马和马术为主题的居住社区。[30]在墨西哥城外的一个种植园的土地上，他开发并规划了拉萨博拉达索（Las Arboledasl）社区。他在居住区入口处设计了一道长长的红墙，并在浓郁的桉树林中自由布置了蓝色、黄色和白色的墙体，墙在满盈的长水槽中投下倒影，他希望将这个地方设计成骑马者饮马聚会的场所。（图4-23）在距该社区不远的地方，巴拉干还开发了另一个称为"俱乐部"（Los Clubes）的社区，里面有他的一个重要的水景作品"情侣之泉"（Fuente de Los Amanle）。（图4-24）1968年，他在圣·克里斯多巴尔（San Cristobal）住宅的庭园中使用了玫瑰红、大红的墙体和方形大水池，水池的一侧有一排马房，水池也是骏马饮水的地方。红色的墙上有一个水口向下喷水，水声打破了由简单几何体组成的庭院的宁静，在炙热的阳光下给人带来一丝清凉。（图4-25）

在巴拉干设计的一系列景观作品中，他以简洁的几何形体（主要是矩形）和简单的要素（墙和水）以及鲜明的色彩，创造出一种既有现代感而又极具地方特色的景观风格。他简练而富有诗意的设计语言，增强了人们对于户外环境、大自然的宁静的感悟，在各国的景观设计师中独树一帜。

图 4-23 拉萨博拉达索社区景观　　　　　　　图 4-24 "情侣之泉"

图 4-25 圣·克里斯多巴尔住宅庭园景观

4.3 现代主义景观的设计原则和风格类型

4.3.1 现代主义景观的设计原则

到 20 世纪中期，现代主义景观在西方已经发展成熟，并且形成了一系列自己的设计原则。美国加利福尼亚大学伯克利分校的马克·特雷布（Marc Treib）教授在其《现代景观设计的原则》（Axioms for Modern Landscape Architecture）一文中，尝试将现代主义景观设计的原则归纳为以下六条：

1. 对历史风格的否定。景观设计应当拒绝来自传统规则式和自然式思想的束缚，而应该是在对当代社会、场地和功能等条件的理性分析中得出的结果。

2. 吸收现代建筑设计手法，关注空间胜过平面图案。实际上，西方传统园林并非只关心平面形式，英国园林中的树丛、地形以及法国园林中的绿篱、轴线也都起到了划分空间的效果，但长期的规则式和自然式的争论使人们往往将目光停留在园林的平面形式，而现代建筑的空间思想则为景观设计开辟了新的思路。

3. 景观是为人而设计的。尽管带有各种不同的目的性，景观设计最终是要创造为人所使用的户外空间。

4. 消除轴线系统。受到立体主义的空间思想的影响，现代主义景观希望从轴线营造的单一视点和有限视角中解放出来。

5. 植物在景观中既被当作生物学个体又被当作一种雕塑元素。即植物的使用既要考虑其园艺特征，又要作为景观整体结构中的一个组成部分。

6. 景观和建筑应该作为整体来设计。

总体来看，以上六条概括了现代主义景观三大方面的基本信条和追求。第一方面是以人为本的功能主义信条，对历史风格的否定并不意味着对传统的完全推翻；强调要使景观更好地满足现代生活。正如埃克博、罗斯和凯利在 1939 年的《建筑实录》论文中宣称，景观设计"已经从轴线对称的宏大风格转向具体的功能需要了"。上述第 1 条和第 3 条都反映出这种思想。第二方面是自由平面、流动空间和多角度观赏的空间处理手法，这一点从第 2 条和第 4 条中可以反映出来。自由、灵活、多变的空间构成是现代主义建筑的重要特征，它使得空间和体量取代立面构图成为建筑设计的重点，从而也形成了更加自由多变的建筑形式。这种注重空间的设计手法也极大地影响了景观设计思想的景观设计师逐渐从传统园林的中轴对称、秩序严谨、边界清晰的空间理念转向自由流动、相互渗透的空间理念，从而推动景观设计从以先验的形式入手转向从功能性的空间入手。第三方面是整体化设计的思路，这是第 5 条和第 6 条的内容。其实工艺美术运动时期的设计师就已经提出过类似的观点，但当时主要作为支持规则对称式园林形式的理论依据，现在则具有了更丰富的意义。对于现代主义景观设计师而言，植物、铺装、环境设施不再是额外的装饰或附加物，而是景观结构中的一部分，只有将景观元素和建筑元素整体考虑，才能形成纯粹而精炼的视觉效果。

4.3.2 现代主义景观的风格类型

在现代主义运动的影响下，西方景观不仅形成了新的设计原则，而且风格也发生了极大的变化。传统园林的规则式、自然式或折中式风格，早已不能满足现代社会生活和审美的需要。经过 20 世纪初期的探索和试验，现代主义景观从艺术和建筑革新中吸取了大量的成果，在总体上表现出简洁、抽象、非对称的风格特征。但仔细观察 20 世纪中期的现代主义景观，在总体的风格特征之下仍然可以发现三种较为清晰的风格类型。

第一种风格是和建筑大师赖特密切联系的乡土风格。尽管在乡土建筑中，居住和土地的融合是很普遍的，但是赖特及其追随者看到了抽象形式、现代材料和技术，以及对粗犷自然的审美品位，可以形成建筑和自然景观之间的"有机"结合，这种结合又能表现出一种现代的视觉特征。尽管多数人认为他的流水别墅是建筑而非景观，但如果撇开其室内空间和功能，仅从外观上看，它可能更是一处景观而非建筑。（图 4-26）赖特的建筑设计有一个很重要的特点就是对场地特征挖掘得很深，无论是流水别墅还是他的草原式住宅，都将现代技术和形式与场地的自然特征有机融合，形成了独树一帜的现代主义风格。由于他的设计手法和景观的设计手法有许多相似之处，因此为景观设计提供了很好的借鉴。在美国的景观设计师中也不乏善于挖掘乡土特征的人，其中最有代表性的是劳伦斯·哈普林。哈普林善于用速写的方式将当地的自然特征记录下来，然后依据对自然的体验来进行艺术抽象，再从景观中表现出来。比如他设计的"爱悦广场"上不规则的台地是对自然等高线的抽象，休息廊的不规则屋顶则来自于对洛基山山脊线的提炼，而喷泉的水流轨迹则是对席尔拉山溪流的抽象。[31]（图 4-27）马科斯和巴拉干的作品就更加体现出浓郁的乡土风格。马科斯采用大量乡土植物，并通过植物色彩的鲜明对比，营造浓烈的巴西情调，而用传统马赛克来表现抽象艺术中的韵律感，则体现了对葡萄牙殖民时期传统文化的传承。巴拉干则充分利用墨西哥充沛的阳光，将墨西哥的地方色彩创造性地用于简洁的景观形式中，创造了具有诗意的心灵栖园。

第二种风格与现代主义建筑风格相配套，表现出一种很强的现代主义建筑特征。这种风格的景观主要作为与现代主义建筑相配套的环境，通常是景观设计师

图 4-26　流水别墅

图 4-27　"爱悦广场"上喷泉的水流轨迹来自于对乡土景观的提炼

和建筑师合作的结果。有些现代主义建筑师在设计建筑的同时会寻找一些有实力的景观设计师合作，比如埃罗·沙里宁会找丘奇、凯利等一起合作。[32] 他们的作品需要在形式上和建筑有机衔接，或者直接从建筑的形式特征出发来形成景观，因而他们的许多景观作品表现出高度几何性的、清晰明确的、严谨和自我克制的建筑风格。早在 20 世纪 30 年代，唐纳德设计的"本特利树林"庭园和圣安娜山住宅庭园就已经体现出这种风格，这两个庭园都是为了配合建筑而设计，因此建筑的形式成为景观设计的出发点，景观只是作为建筑的室外延伸。尤其在圣安娜山住宅庭园，建筑好像一台崭新的机器屹立于景观之上。（图 4-28）在凯利 1955 年设计的米勒庄园中，由沙里宁设计的建筑部分以起居室为核心，其他建筑空间呈风车状围绕在起居室周围。庄园景观部分的设计采用了与建筑类似的构图方法，以起居室为中心向周围的道路和河流发散出去，并用绿篱、林荫道和墙壁围合出矩形空间与建筑空间形成呼应，让人感受到庭园的空间是建筑空间的延伸，表现出清晰而严谨的建筑特征。虽然丘奇在小庭园中展现了对自由形式的热爱，但在通用汽车技术中心设计（General Motors

图 4-28　圣安娜山住宅好像一台机器屹立于景观之上

图 4-29 通用汽车技术中心景观

Technical Center）中，作为沙里宁的顾问，配合沙里宁的建筑形式，他通过大量的树木延伸了建筑轴线，创造了一个被称为"通用工业凡尔赛"的园区景观。（图 4-29）

第三种现代主义景观风格既不是乡土的，也不是建筑的，而是自由化的。这类景观同样希望与建筑相结合，但并不是作为建筑的附属物，而是与建筑之间形成某种对比和互补。在形式上主要采用几何曲线或某些有机形态，来弱化现代建筑严谨、理性的几何形式，从而在户外空间中塑造轻松活泼的氛围。詹斯·詹森就很欣赏曲线在景观中的运用，他甚至认为，"直线代表专制，它不属于景观……曲线则体现了不受约束的满载着神秘和美的色彩的思想"。[33] 这种风格首先出现在加利福尼亚的庭园，然后逐渐蔓延到欧美其他地方。比如丘奇在唐纳花园中设计的曲线场地轮廓以及梭镖形泳池，在满足现代主义强调的功能性的同时，与建筑形成一种形式上的对比和张力。正如马克·特雷布所评价，在丘奇设计的唐纳花园中，景观和建筑并列共同享有一片山坡，就好像两位好朋友一样并肩站在一起欣赏眼前的景色。[34] 埃克博的一系列庭园设计，同样采用了与建筑完全不同的形式语言。在他的比佛利山水池庭园中，他刻意将建筑线条加以轻微旋转，使庭园中的平台线条打破了建筑线条对场地的限定，并结合有机形式的泳池与建筑形成了一种相互呼应和拥抱的关系。而在他设计的加州尼科庄园（ Nickel Garden ）中，他用同心圆为场地赋予整体的骨架，使 L 形的建筑成为庭园中的一个组成部分，同时也将果园、草地、泳池等要素整合进庄园场地之中。（图 4-30）在奥斯芒德森的恺撒中心屋顶花园、野口勇的巴黎联合国教科文组织总部庭园以及马科斯的一系列庭园景观中，同样可以看到这种风格。

当然，以上三种风格方向并不是绝对孤立的，往往表现出彼此渗透的现象。

由于景观设计不像建筑设计那样对功能、结构、标准化有那么高的要求，所以现代主义艺术的形式探索可以更多地用于景观之中，使景观的形式探索比建筑有着更为广阔的空间，这也使得 20 世纪的西方景观展现出丰富多彩的形式特征，从而避免了走上千篇一律的国际式风格的道路。正如唐纳德在 1941 年的论文《为现代住宅而作的现代庭园》（Modern

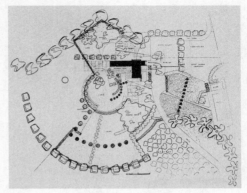

图 4-30　加州尼科庄园平面图

Gardens for Modern Houses）指出，"20 世纪的正确风格就是根本没有风格"，这原本是为了倡导景观设计摆脱传统风格的束缚，但现在看来也成为 20 世纪景观风格的正确预言。

4.4　现代主义景观对现代主义艺术的借鉴

现代主义景观在经过 20 世纪初期对现代主义艺术成果尝试性的借鉴之后，在二战之后进入了大量吸收的阶段，并从中获取了许多新的创作理念和形式语言。

4.4.1　创作理念的借鉴

立体主义是现代绘画艺术发展的一个重要转折点，其崭新的表现形式、创作手段、表达媒介和思想方法都强有力地冲击着其他艺术门类，尤其它关于空间的思想为建筑和景观设计手法的革新奠定了坚实的基础。立体主义的空间观念打破了传统绘画强调的从固定视点描绘固定物象的单一形态的方法，转而把无数个瞬间视像叠合于同一画面，并相互渗入成为一个整体，从而将物象的各个方面同时展现在观赏者眼前。这种空间观念对 20 世纪的设计领域产生了积极的影响。在景观领域，这种观念促使设计师们越发希望抛弃传统规则式园林的轴线系统，从而将景观从由轴线营造的单一视点和有限视角中解放出来。这一点从 1925 年的巴黎国际装饰艺术与现代工业博览会上的部分景观展品就可以看出。

此外，立体主义将自然物象的形体肢解成小的几何块面，虽然这些小块面线条硬朗、轮廓明晰，但实际上块面之间没有截然的分界，它们彼此穿插渗透，处于连贯的流动之中。这种块面的穿插与渗透被风格派画家蒙德里安在其造型实验中发挥到极致。蒙德里安在立体主义的基础上，经过不断试验，最终形成了只运

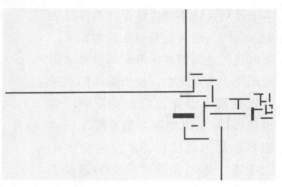

图 4-31（b） 密斯的乡村住宅方案平面

图 4-31（a） 俄国舞蹈的节奏
（杜斯伯格，1918 年）

图 4-32 巴塞罗那国际博览会德国馆

用直线与原色进行构图的抽象艺术。但是，以蒙德里安为代表的风格派的影响所及远不止于此。风格派集团的目标是打破空间中物体的孤立，并将形和空间看作某种普遍结合在一起的东西。蒙德里安绘画中横平竖直的直线向各个方向延伸，使得块面之间的流动性更加明显与清晰，这对建筑空间理论产生了革命性的影响。西方传统建筑由于厚重的墙体与相对固定的平面布局，空间无一例外呈现出单一、封闭、缺少变化的状态，建筑师将主要精力放在建筑的立面形式的设计上。而立体主义和风格派的影响启发建筑设计摆脱立面形式的束缚，更加自由地从功能出发安排室内空间，形成自由流动的空间组织序列。[35] 密斯在 1923 年设计的乡村住宅方案明显受到风格派启发，是第一个由独立隔墙来定义空间的设计，后来成为现代主义建筑中权威性的原则。[36]（图 4-31）而他在 1929 年设计的巴塞罗那国际博览会德国馆则成为"流动空间"的代名词。（图 4-32）这样，西方传统建筑中盒子般的静态空间，被自由而开敞的流动空间所取代。

实际上，多视点观赏和流动空间的思想在二战之前的法国新景观探索中就已经出现，古埃瑞克安、莱格瑞因等人的作品都表现出相关的尝试。二战后，这种思想被广大受到现代主义影响的景观设计师所接受，并被用来作为批判轴线对称的传统设计手法的理论依据。丘奇在关于加州庭园的文章中谈到，因为人们要求能从建筑中的更多位置观赏庭园景色，所以庭园的平面不可能采用规则对称的形式。现代庭园的线条必须流动才能满足从室内和室外各个角度都能观赏的要求。[37]这在他设计的一系列加州庭园中已经很好地表现出来。罗斯在他的《庭园中的自由》（Freedom in the Garden）一文中提到，"假如你试图用轴线的方式设计景观，你会发现实际上有无数条轴线蕴含在空间中，因为每一条视线都有可能成为一条轴线。如果你选择一到两条轴线来进行构图，你会失去发展设计的更多可能性。"因此，在景观设计中"从轴线或形式入手本身就是一种原则性的错误"。[38]这些都意味着当时的景观设计师迫切希望打破传统园林形式的束缚，从由传统先验形式入手设计景观转向由实际功能入手构建自由的空间序列。由于现代主义景观设计师们的倡导，二战后的西方景观，逐渐告别传统中轴对称的布局形式，转而追求从功能出发创造更为自由、更为流动的空间结构，而新的空间结构也不可能再沿用规则对称结构中的形式语汇，这就推动设计师们到现代主义艺术成果中去广泛发掘新的形式语汇。

4.4.2　形式语汇的借鉴

（1）立体主义语汇

与立体主义的空间观念相比，对景观设计师更具有吸引力的是从立体主义绘画中衍生出来的形式语汇，比如块面的分割与组合、折线的运用等。早在学生时代，罗斯就开始尝试将立体主义的语言引入景观。他在 1938 年作为哈佛学生为纽约毕比庄园（Bibby Estate）所做的景观设计中，就参照了毕加索于 1910 年创作的《站立的女性裸体》（Standing Female Nude），罗斯将画中的直线、弧线组成的块面转化为各种景观要素，体现出立体主义绘画对当时景观设计的深刻影响。（图 4-33）在埃克博事务所设计的某加州庭园中，泳池、草地和各类铺装构成了各种形状的不规则块面，这些块面有机地组合在一起，营造了颇具动感的环境空间，同样体现了立体主义构图的影响。（图 4-34）此外，莱格瑞因在塔夏德庭园中展现的立体主义形式语言也得到广泛传播。尤其像锯齿线这样的元素反复出现在丘奇、埃克博等人的作品中，比如在丘奇设计的阿普托斯马丁庭园、埃克博设计的加州托马斯庭园（Thomas Garden）和泽尔庭园（Zwell Garden）

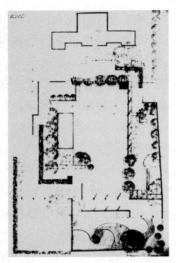

图 4-33（a） 站立的女性裸体　　图 4-33（b） 罗斯设计的纽约
　　　　　（毕加索，1910 年）　　　　　　　毕比庄园平面图

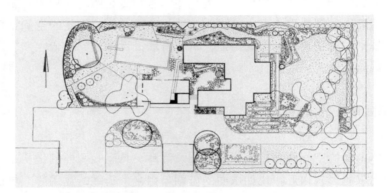

图 4-34　埃克博事务所设计的某加州庭园

等作品中，这些锯齿线有时作为坐椅，有时作为墙体，有时则作为场地的边缘线。虽然这种形式元素现在看来已经不算新鲜，但在当时却是景观形式上革命性的创新。这种由锯齿线形成的庭园路径产生了一系列形式和边界相互咬合的连接，形成了与直线形路径完全不同的视觉感受和心理体验。

（2）表现主义语汇

20 世纪初期，表现主义绘画在德国兴起并分为两个主要集团：德雷斯顿的"桥"社和慕尼黑的"青骑士"俱乐部。尤其是"青骑士"集团的表现主义喜欢采用较为抒情的抽象语言，其中两位重要人物康定斯基和保罗·克利后来都进入包豪斯任教，将他们艺术探索的成果带入包豪斯教学体系，对现代主义设计产生了深远的影响。

图 4-35 构成 8（康定斯基，1923 年）

康定斯基提倡追求画面的"音乐化"的效果与精神的功能，主张把绘画看作是纯粹的形、色、线的组合，艺术家的一切感情因素都应倾注其中，从而完全摒弃了现实形象的再现，最终走向了抽象主义。[39]康定斯基画面的色彩抒情而奔放，构形完美而宁静，其中的线条与几何形体表现了激情与理性的和谐，而其中的点、线、面既相互配合又彼此抗衡，生发出集结的力量与精神，为苦苦寻觅新的形式语言的景观设计师们提供了理想的借鉴。在他的《构成 8》（Composition VIII）中，他让线、点、角、

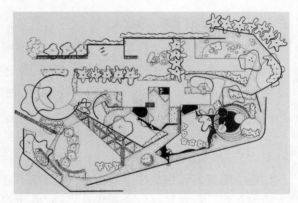

图 4-36 伯顿庭园平面图

圆等形式元素极为紧凑地组合在一起，形成了很好的动态平衡效果。（图 4-35）

埃克博深刻地领悟了康定斯基绘画的精神，在他的设计中大量运用了康定斯基的形式语汇。在 1945 年为纽约的伯顿（William Burden）家庭设计的庭园中，他大胆借鉴了康定斯基的形式语言，设计了圆形的泳池和庭院，斜向的花床穿过场地，虽然各元素看上去相互独立，但总体上体现出康定斯基作品中的和谐感。或许因为形式过于前卫，最终该庭园未能得到实现。（图 4-36）而在他 1946 年设计的艾格斯庭园（Eggers Garden）中，康定斯基的绘画元素再一次得到展现。（图 4-37）1948 年，他再次用这种形式语言设计了位于比佛利山的 Goldstone 庭园。在这个庭园中，他不仅运用了圆、弧、角、折线等形式来形成庭园中的墙体、铺地、棚架等元素，而且还引入了生物形态的泳池，不规则的草坪将庭园各组成部分联系起来。1946 年，罗伊斯通在奥克兰设计的普莱特庭园（Platt Garden）同

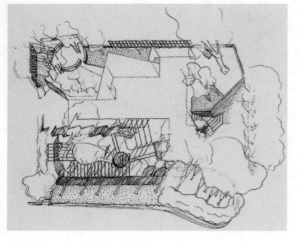

图 4-37　艾格斯庭园设计图

样用弧形墙体、折线形场地边缘营造出康定斯基绘画中那种紧凑、冲突而又富有张力的视觉效果。

保罗·克利的作品带有一定的象征性，他的作品中常常出现一些圆圈、箭头、数字、拉丁字母和其他抽象符号。在他看来，绘画的目的不在于表现，而是创造，"艺术并不是描绘可见的东西，而是把不可见的东西创造出来"。他的艺术体现了想象力和幻想在艺术中的作用，这使他的作品始终带有梦幻的色彩。

英国景观设计师杰里科从克利的绘画里获得了相当大的启发，在他的景观作品中，神秘的水面、弯曲的水道、不规则的曲线花坛……构成了如克利绘画般的梦幻场景。他借鉴克利绘画的形式语言，并用它们来改造传统的景观形式。（图4-38）他为 Astor 家族庄园重新塑造的玫瑰园就是一个很好的例子。他受到克利更大启发的是用潜意识进行创作的方法。他的构图线条看上去和克利的绘画一样自由随意，似乎是在潜意识的支配下形成的，实际上蕴含着他设计时思想的流动以及设计中更深层次的思考。在他 20 世纪 60 年代设计的舒特庄园（Shute House）平面图中，可以看到这种自由而随意的线条，同时在建成的实景中也可以感受到克利绘画中散发的那种神秘而浪漫的气息。（图4-39）

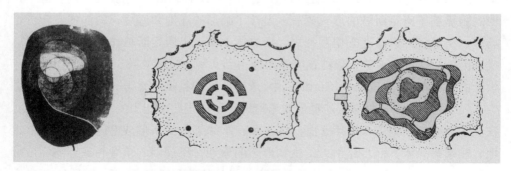

图 4-38　杰里科借鉴克利绘画对传统景观形式所作的改造

图 4-39（a） 舒特庄园平面图　　　　　　　　　　　　　　图 4-39（b） 舒特庄园实景

（3）超现实主义语汇

受到弗洛伊德精神分析学说的影响，超现实主义在 20 世纪 20 年代从达达主义中分离出来。超现实主义绘画从其发端起，便分为两支：一支被称作有机超现实主义或象征的、生物形态的现实主义，代表画家有米罗、马松等，他们的作品所表现的是一种接近于抽象的画面；另一支被称作超级现实主义或自然主义的超现实主义，代表画家有达利、马格利特等，他们的风格体现为精致描绘的细部和可以认识的场面及物体，但画面上的各类物体都是脱离了自然结构的奇怪组合。[40]

超现实主义的这两个派系的差异并不是景观设计师们关心的问题，对他们来说，来自于超现实主义绘画中的那些有机生物形态才是关注的焦点，因为这些形式可以直接应用于景观设计之中。尤其是米罗和阿普两位艺术家的作品，为超现实主义和景观设计创作之间搭建了联系的桥梁。他们作品中表现出大量的生物或其他有机形式，如肾形、纺锤形、梭镖形等，这些形式本身就有"自然"的感觉，同时又能随场地条件自由变化，与景观设计仿佛生来就有着某种特殊的契合，因而成为景观设计师重要的形式来源。（图 4-40）

比如在丘奇 1948 年的经典作品"唐纳花园"中，整个庭园的布局就借鉴了超现实主义绘画的生物曲线，同时在庭园中还布置了一个梭镖形的泳池，令人想起米罗和阿普的一些作品。即使是善用几何语言的唐纳德，在 1949 年也采用超现实主义的形式设计了罗德岛新港的一处庭园，在其中，他用生物曲线来构造水池、绿篱等元素，并将这些曲线相互组合来柔化刚硬的建筑线条。（图 4-41）1960 年，奥斯芒德森为加州奥克兰市的恺撒中心设计的屋顶花园，同样采用了

图 4-40（a） 绘画，三月—六月
（米罗，1933 年）

图 4-40（b） 黑色拱顶下倒置的蓝色鞋
（阿普，1925 年）

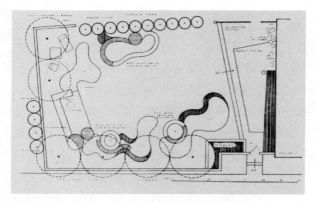

图 4-41 唐纳德设计的罗德岛新港某庭园平面

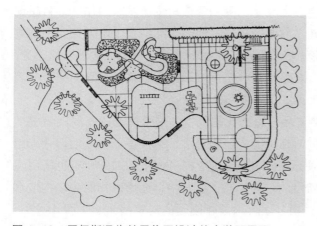

图 4-42 罗伊斯通为某居住区设计的小游园平面

流畅的生物曲线将绿地、水面和铺装组织成极富抽象性的构图，表现了超现实主义的深刻影响。超现实主义绘画中流动而夸张的形式往往容易激起儿童的兴趣，所以常被用于儿童活动区域的景观设计。罗伊斯通就注意发掘超现实主义绘画线条的这种特征，他在为某居住区设计的小游园以及为 Mitchell 公园设计的儿童游戏场都将有机生物形态运用到方案中，为孩子们创造了梦幻般的场地空间。（图 4-42）马科斯的景观虽然受到多种艺术风格的影响，但从他作品中流动的、有机的、自由的形式来看，超现实主义仍然是他的主要形式语言。在巴西教育卫生部大楼的屋顶花园设计中，尽管建筑是在柯布西埃草图的基础上设计的，但他没有采用与建筑统一的风格来设计景观，而是运用他钟爱的有机曲线和生物形态，结合色彩的对比，营造出具有巴西乡土气息的花园景观。这使得超现实主义形式对他而言成为将现代文明、乡土文化和自然精神有机融合的一种方式。（图 4-43）

图 4-43　巴西教育卫生部大楼的屋顶花园

实际上，许多现代主义景观设计师都对现代主义艺术有着深入的研究，他们往往并不会局限于某一种流派，所以在他们的作品中经常可以看到对现代主义艺术各流派的综合借鉴。例如丘奇就把立体主义、超现实主义的形式语言如锯齿线、钢琴线、肾形和有机曲线综合运用到庭园设计中，形成了简洁流动的平面形式。此外，现代主义景观虽然从现代主义艺术中借鉴了许多形式语汇，但这并不意味着设计师们设计时只是对这些形式语汇的一味套用，那样就和强调从风格、形式出发来进行设计的巴黎美术学院传统没有区别了。现代主义设计师始终把功能需要作为设计的出发点，在传统形式无法满足现代生活需要时，从艺术革新的成果中积极借鉴，最终摆脱了传统的束缚，形成了现代主义景观风格。因此，现代主义景观并不是一种像规则式或自然式那样的明确风格，它可以像海绵一样吸纳一切能够满足现代生活需要的形式，并以现代人的审美习惯表现出来。相对于一种风格而言，它更是一种现代生活的对应物。正如罗斯所言，"当我们（在设计中）首先考虑的是人及其活动，而不是恪守古典形式教条，我们就会创造出一种反映当代生活的生气勃勃的景观；同时人们也会理解到像对称、轴线和不规则这些词汇的真实意义——实际上它们什么都不是。"或许，这也就是唐纳德所说的，"20 世纪的正确风格就是根本没有风格"。

4.4.3　现代主义景观与其他现代主义艺术的比较

二战后，现代主义景观开始在欧美等国全面发展起来，但现代主义在景观设计中所产生的影响和在其他艺术门类中的影响是不同的。现代主义使得许多艺术门类日益以反传统的面貌出现，绘画、雕塑等成为自由表现精神世界的途径，其中每一种新的主义、流派、运动的出现，都是对传统和现有艺术概念的挑战。这使得艺术的传统界限被一次次突破，艺术的本质也变得难以确定，进而引发了人们对于艺术终结的担忧。在建筑艺术方面，虽然现代主义先驱们以其非凡的创造力取得了前所未有的成就，然而现代主义建筑最终陷入形式服从功能的泥沼不可自拔，功能主义从最初的设计方法转变为后来强调"少即是多"的美学风格。早期现代主义在打破僵硬的学院派理论中所表现出来的活力，最终被风格化的理论驱动和规则制约所取代，使自己走上更加"自上而下"的设计道路。[41] 随着功能主义美学在建筑艺术中的地位日益稳固，以"玻璃盒子"为特征的国际式建筑风格也遍布世界各地，最终造成城市地域特色的消失和历史文脉的断裂，因而遭到后现代主义的强烈批判。

相比较而言，现代主义虽然对景观设计也做出了巨大的贡献，使 20 世纪的景观最终超越传统，形成了全新的风格，但现代主义在景观设计中的影响却没有在其他艺术门类中那么激烈和狂热。景观设计由于对功能、场地条件和工程技术等方面的要求，所以不可能对艺术思潮的变迁做出像绘画、雕塑那样迅捷而激烈的反应；同时，景观设计对于工业化、标准化的要求也没有建筑那么高，不同地域的设计师都注重将现代主义精神和地域特色相结合，因而景观设计在接受现代主义洗礼的同时，始终能够保持一份对当地自然和文化特征的尊重，这也使得现代主义在景观设计中保持了更为持久的生命力，即使在后现代主义艺术广泛传播的今天，现代主义景观仍然是当代西方景观设计的主流。

4.4.4　现代主义景观的传统性和乡土性

尽管现代主义艺术在创作观念和形式语汇等方面都给景观设计以深刻的影响，但由于景观设计自身的一些特性，它并没有其他艺术门类变革得那样激烈，除了前文所述的景观设计的材料、场地条件和工程技术、景观的欣赏方式、景观所承载的价值及社会条件的制约等方面因素外，景观设计师自身对园林传统和乡土特色的依恋也是重要原因。因此，传统性和乡土性是 20 世纪西方景观设计在积极吸收现代主义艺术成果的过程中始终伴随的两个重要方面，也是景观设计在激烈的现代主义艺术革新中能够保持一种温和性的重要原因。

（1）现代主义景观的传统性

每一种伟大的艺术形式既是对前一种历史形式的否定，同时又与它的历史形式密切联系。虽然西方传统园林的形式已经很难满足 20 世纪的社会需要和审美习惯，但其千百年来形成的一些设计手法对现代景观设计依然有着积极的借鉴作用。所以尽管现代主义景观设计师表现出强烈的反传统倾向，但是他们中的许多人仍然热衷于研究传统园林，从中学习有价值的设计手法，使之融合到现代景观设计之中。

例如丹·凯利从欧洲古典园林艺术尤其是17世纪法国勒·诺特园林中汲取养分，把规则的水池、草地、平台、林荫道、绿篱等古典的要素重新整合，展现了庄重、严整、典雅等欧洲古典园林的精神特质。同时，他的作品又采取完全现代的形式，摒弃了古典园林中的某些常用"语汇"，如中轴对称式布局、轴线、模纹花坛等，代之以简洁明晰的表现手法，通过利用景观结构的潜在秩序，以及几何形体的相互关系来营造空间感和场所感，形成现代主义景观特有的美。杰里科在从事现代景观设计之前，对传统园林就有了深入的研究，特别是意大利文艺复兴时的园林。他和他的学友曾对意大利文艺复兴园林进行了长达5年的研究，从文艺复兴园林中汲取了大量的营养，并形成了自己的语言，例如他的作品中经常出现的链式水渠、大理石雕塑以及亲切宜人的空间尺度正是文艺复兴园林的特点，而那些从表现主义艺术中借鉴而来的奇异形式则又体现了对传统的超越。罗伊斯通在加州大学伯克利分校学习时，也对文艺复兴园林的空间结构作了大量的研究。他在二战后作为教师，让他的学生对这些园林的空间结构进行抽象和提炼，将其运用于加州的场地，这意味着将这些古典形式进行拆解和调整，以适应当代的材料和生活方式。

（2）现代主义景观的乡土性

虽然现代主义景观在形式与功能上具有许多共同的特征，但是由于地域文化的差异，现代主义景观从一开始就是不同特色的组合。美国的"加州花园"、瑞典的"斯德哥尔摩公园体系"、丹麦的"几何景观"以及拉丁美洲的马科斯和巴拉干的作品等，都是现代主义思想与当地的自然、文化相结合而形成的。

加利福尼亚得天独厚的地中海式气候和景色赋予庭园作为户外起居室的理念，"加州花园"在对庭园新功能的逐步整合过程中，体现并融合了加利福尼亚的地域文化特征，使加州花园最终成为加州居民生活理想的象征与载体。即追求享乐、重视体验，把与自然的亲近和与地方传统的对话作为工业化社会中人们生活方式的一种补充。由于加州花园始终执着地植根于当地的历史文化、地理特征、气候条件以及营建方式，最终成为20世纪美国现代主义景观的代表。马科斯和巴拉干以毕生精力去理解自己国家的地域特征和文化传统，他们成功地挖掘出最富有当地特征的景观要素，并以现代主义的手法展现出来，创造了具有拉美乡土气息的现代主义景观。拉丁美洲文化的特点主要表现为印第安文化与殖民时期西班牙、葡萄牙文化的结合。在拉丁美洲本土的印第安艺术中，鲜明的色彩和充满幻想的装饰是一种传统；而西班牙、葡萄牙由于曾受阿拉伯统治影响，其艺术具有伊斯兰特征，这两者结合起来就形成了拉丁美洲艺术感性、奔放和具有浪漫品质的特征。马科斯从超现实主义艺术中借鉴来的自由奔放的形式语言，结合色彩浓烈的乡土植物搭配，使他的景观鲜明地体现出拉丁美洲本土艺术的特点。此外，他对于马赛克的使用也或多或少体现了殖民时期植根下来的伊斯兰艺术的影响。因此可以说，马科斯是用抽象的形式和乡土的材料营造出具有浓郁巴西风情的地域景观。与马科斯相比，巴拉干的景观显得更加宁静而富有诗意，墙体的形式虽然简洁，但是却用鲜明的色彩与水、植物和天空形成对比，这既是对墨西哥充沛阳光的利用，也是对当地艺术特色的提炼。

由此可见，即使是激进的现代主义景观设计师也仍然希望从地方的自然和文化特色中提取灵感。因此，当绘画、雕塑不断标新立异，超越人们理解的极限，当建筑经常陷入千篇一律的国际式风格，景观却在温和的渐变中传承和延续着地方的自然和文化精神，使现代主义精神和乡土特征有机融合。或许，这也正是一些西方学者认为景观设计并没有经历过现代主义的重要原因。

参考文献

[1] 张法. 中西美学与文化精神［M］. 北京：北京大学出版社，1994：145
[2] 邵大箴. 西方现代美术思潮［M］. 成都：四川美术出版社，1990：249
[3] （美）丹尼尔·贝尔著. 资本主义文化矛盾 [M]. 赵一凡，等译. 北京：三联书店，1989：96
[4] 杨大亮，葛朝霞. 詹姆斯·乔伊斯的意识流小说《尤利西斯》及其创作艺术 [J]. 名作欣赏，2008（12）：113-116
[5] 朱伯雄主编. 世界美术史. 7：20 世纪西方艺术［M］. 济南：山东美术出版社，2006：10
[6] 王岳川，尚水编. 后现代主义文化和美学［M］. 北京：北京大学出版社，1992：334
[7] (英) 保罗·伍德，常宁生. 现代主义与先锋观念 [J]. 艺术探索，2008(8)：53-59
[8] 袁可嘉. 现代主义文学研究［M］. 北京：中国社会科学出版社，1989：235
[9] 刘水平. 感觉突进的两极：大众文化背景下的现代主义艺术 [J]. 宁夏大学学报（人文社会科学版），2007，29（2）：162-166
[10] 冯黎明. 技术文明语境中的现代主义艺术［M］. 北京：中国社会科学出版社，2003：151
[11] 谢立中. "现代性"及其相关概念词义辨析 [J]. 北京大学学报 (哲学社会科学版)，2001(5)：25-132

[12] Peter Jacobs, Martha Schwartz, Elizabeth Meyer. A Convergence of 'ISMS' [J]. Landscape Architecture, 1999（1）：56-61

[13] Jory Johnson. Modernism Reconsidered [J]. Landscape Architecture, 1999（11）：36-42

[14] 宋建林. 艺术生产力的构成与特征 [J]. 文艺理论与批评, 2003(2)：69-74

[15] Michael Laurie. An Introduction to Landscape Architecture［M］. New York：Elsevier Science Publishing Co., Inc., 1986：54

[16] 林箐. 托马斯·丘奇与"加州花园"[J]. 中国园林, 2000(6)：62-65

[17]（美）彼得·沃克,（美）梅拉妮·西莫著. 看不见的花园：寻找美国景观的现代主义 [M]. 王健, 王向荣译. 北京：中国建筑工业出版社, 2009：107

[18] David Streatfield. Where Pine and Palm Meet：The California Garden as Regional Expression [J]. Landscape Journal, 1985（2）：61

[19] 夏建统. 点起结构主义的明灯——丹·凯利［M］. 北京：中国建筑工业出版社, 2001：20-41

[20] James Rose. Articulate Form in Landscape Design [J]. Pencil Points, 1939（2）：99

[21] Marc Treib, Dorothée Imbert. Garrett Eckbo：Modern Landscapes for Living［M］. Berkeley：University of California Press, 1997：56

[22] Marc Treib. A Sculpting of Space [J]. Landscape Design, 1998（2）：21

[23]（苏）А В 布宁,（苏）Т ф 萨瓦连斯卡娅著. 城市建设艺术史 [M]. 黄海华, 等译. 北京：中国建筑工业出版社, 1992：196

[24] 朱建宁, 丁珂. 法国现代园林景观设计理念及其启示 [J]. 中国园林, 2004(3)：13-19

[25] 王向荣, 林箐. 西方现代景观设计的理论与实践［M］. 北京：中国建筑工业出版社, 2002：51

[26] Janet Waymark. Modern Garden Design: Innovation Since 1900［M］. London：Thames & Hudson, 2005：184

[27] Lulu Salto Stephensen. The Danish Landscape and Landscape Gardening：On the Visualization of the Aesthetic Potential for Nature in Cultivation in the Twentieth Century [J]. Journal of Garden History, 1997（4）：303

[28] 王向荣, 林箐, 蒙小英. 北欧国家的现代景观［M］. 北京：中国建筑工业出版社, 2007：27

[29] 任京燕. 巴西风景园林设计大师布雷·马科斯的设计及影响 [J]. 中国园林, 2000(5)：60-63

[30] 王丽方. 潮流之外——墨西哥建筑师路易斯·巴拉干 [J]. 世界建筑, 2000(3)：56-61

[31] 林云龙, 杨百东. 景园大师劳伦斯·哈普林［M］. 台北：尚林出版社, 1984：126

[32] Robert L Miller. No Style at All? [J]. Landscape Architecture, 1990（1）：47-49

[33] Jens Jensen. Siftings［M］. Baltimore：Johns Hopkins University Press, 1990：38

[34] Marc Treib. Modern Landscape Architecture：A Critical Review［M］. Cambridge：The MIT Press, 1992：64

[35] （英）彼得·柯林斯著 . 现代建筑设计思想的演变 [M]. 2 版 .　英若聪译 . 北京：中国建筑工业出版社，2007：279

[36] （美）理查德·韦斯顿著 . 现代主义 [M]. 海鹰，杨晓宾译 . 北京：中国水利水电出版社，知识产权出版社，2006：91

[37] Thomas Church. The Small California Garden [J]. California Arts and Architecture, 1933（5）：16

[38] James Rose. Freedom in the Garden [J]. Pencil Points，1938（10）：639

[39] 翟墨，王端廷 . 西方现代艺术流派书系：表现主义［M］. 北京：人民美术出版社，2000：33

[40] 翟墨，王端廷 . 西方现代艺术流派书系：超现实主义［M］. 北京：人民美术出版社，2000：5

[41] 唐军 . 追问百年：西方景观建筑学的价值批判［M］. 南京：东南大学出版社，2004：165

第 5 章　20 世纪后期西方艺术对景观设计的影响

5.1　20 世纪 70 年代以来的西方景观设计特征

20 世纪 70 年代以来，随着后现代主义文化和艺术思潮的发展，景观设计也在原有的基础上不断进行调整、修正、补充和更新。现代主义景观的主流仍然在延续，但它也被不断融入新的思想理念和创作手法，并且与地方文化传统相融合。由于受到后现代主义艺术的影响，西方景观设计与先前相比，变得繁杂而多样，呈现出多元化发展的趋势。

5.1.1　自然与文化：当代景观设计的两大主题

近代科学技术和工业文明的迅猛发展，不但给人类带来了前所未有的物质繁荣，而且也使得"人类中心主义"大行其道，成为现代人处理人与自然、人与环境关系的一种伦理价值原则。这种意识的张扬助长了人类对大自然不计后果地掠夺和征服。正当人类陶醉于工业文明带来的巨大财富时，各种负面效应却悄然向人类袭来，环境污染、生态退化、资源短缺、能源枯竭、气候反常……这使得在第二次世界大战之后，环境问题成为西方发达国家面临的最棘手的问题之一。

20 世纪 50 年代以后，随着城市的无限扩张进一步带来了自然环境的破坏，人们开始担心自然资源的短缺，担心人类生存环境将遭受灾难性的破坏。60 年代，人类对待自然环境态度的转变比以往任何时候来得都快。从太空传回的图像显示地球只不过是茫茫宇宙中漂浮的一颗蓝白相间的星球，地球上的资源是非常有限的。经济发展和城市繁荣带来了急剧增加的环境污染，严重的石油危机对于西方世界一味摄取自然资源来扩大生产的运作方式是一个沉重的打击。人类很快觉察到自己在各种危机的重压下步履维艰，蕾切尔·卡逊（R. Carson）的《寂静的春天》、戈德史密斯（E. Goldsmith）的《生存的蓝图》、罗马俱乐部的《增长的极限》等反映生态和环境危机的著作纷纷问世，推动了生态主义思潮和环境保护运动的兴起。1969 年，宾夕法尼亚大学教授麦克哈格（I.L.McHarg）出版了《设计结合自然》一书，书中运用生态学原理研究大自然特征，在批判"人类中心论"思想的同时，提出了景观设计的新的思想理念和工作方法，成为 20 世纪 70 年代以来景观领域的里程碑式的著作。该书的问世也促使自然生态成为当代西方景观设计中持续关注的课题。

此外，在工业革命后相当长的一段时期内，人们被经济的增长和机器社会的进步所迷惑，过于"向前看"的激情使得古建筑保护、古城保护等历史环境问题没有能够得到充分的关注。20 世纪盛行的现代主义建筑运动和反传统的文化艺术思想，也助长了对历史环境的破坏和漠视。同时，残酷的战争也破坏和损毁了很多珍贵的历史遗迹，而此后在现代主义思想指导下所建的许多建筑割裂了新旧之间的文化联系。

二战以后，经济上的富足使得人们开始更多地关注自己的生活环境和生活品质问题，文化的重要性被日益重视。许多后现代理论家开始倡导对城市深层次的社会文化价值和人类体验的发掘，提倡对人性、历史的回归。20 世纪 50 年代末，荷兰建筑师阿尔多·范·艾克（Aldo Van Eyck）就指出，面对战后迅猛的城市发展，建筑师们如果不通过对乡土文化的关注是无法满足社会多元化需求的。美国建筑师凯文·林奇（Kevin Lynch）在 1960 年出版的《城市意象》中，探讨了如何通过城市形象使人们对空间的感知融入到城市文脉中去的过程。意大利建筑师阿尔多·罗西（Aldo Roesi）也在其所著的《城市建筑》中提出，城市的意义存在于人们重复产生的记忆，他认为城市中的建筑需要融入历史、城市形态和记忆来解释。有价值的历史建成环境的稀缺，使人们认识到保护历史就是实现本地区、本民族文化的延续。加之战后西方许多城市出于对法西斯专制的憎恨和恢复民族自豪感的需要，也开始重视古城、古建筑等历史环境的保护，展开了一系列有效的历史环境保护和恢复工作。这些都极大地推动了当代景观设计中对于历史、传统和地域文化特色的重视和研究。

20 世纪后期，人们越来越认识到景观是一个很独特的界面，在这一界面上，各种自然和生物过程、历史和文化过程发生并相互作用、相互影响。[1] 这一特性使得景观设计在自然系统的修复、乡土文脉的传承，以及重新构建城市的独特魅力方面具有不可多得的优势。因此，景观成为与人类的生存与生活都息息相关的艺术，自然和文化两大主题也日益成为景观设计实践中关注的焦点。

5.1.2　科学与艺术的交流

如前所述，20 世纪 60 年代，由于大型景观规划项目的增多和行业竞争的激烈，那些充满艺术想象力的景观创作曾一度减少。此外，生态环境问题日益突出，如何恢复被破坏的环境并使其重新满足大众的功能需求，成为景观行业新的关注焦点，这使得科学的地位在 20 世纪六七十年代的西方景观行业中迅速提升，同时也引起了人们关于景观究竟是科学还是艺术的思考。

1971 年，诺曼·纽顿（Norman Newton）就在自己的专著《土地上的设计：景观学的发展》（Design on the Land：The Development of Landscape Architecture）中提出了关于景观究竟是一门艺术还是一门科学的问题。对于纽顿来说，景观更主要的是一门"服务于人文价值的艺术"。[2] 然而，在纽顿所处的时代，面对诸如改善被严重污染的环境、在经济萧条中维持生计等一些更为紧迫的问题，景观设计师们没有更多的时间和精力去探讨艺术与科学之间的关系。到了 20 世纪 80 年代，景观设计师们开始重新意识到艺术在景观行业中的重要性，并开始广泛探讨景观设计中的艺术手法。在 1980 年 1 月的《景观设计》（Landscape Architecture）期刊封面上，展示了玛莎·施瓦茨（Matha Schwartz）设计的面包圈园的照片。在这个作品中，施瓦茨受到当代艺术领域的启发，探索将城市中的小空地变成由一些现成品或废品构成的庭园的可能性。这在当时的景观设计师中引起了对如何运用艺术形式的讨论。1981 年，斯蒂文·克罗格（Steven R Krog）在《景观设计》上发表了《它是艺术吗？》一文。在文章的开头，克罗格就提出了"景观是一门艺术吗？它是一门纯艺术吗？"的问题。在文中，克罗格通过对传统园林的总结把景观学科定义为一门纯正的艺术学科。[3] 克罗格的文章很快得到许多设计师和评论家的回应，并引发了一场科学和艺术在景观学科中关系的讨论。

这场行业内的讨论虽然没有绝对的结论，但却使得景观设计师们在新的高度上理解了艺术和科学之间的关系。人们逐渐认识到，科学和艺术是景观设计中不可或缺的两种方法，景观设计既离不开科学的调研和分析，也离不开艺术的创造和表现。这一观点对今天的景观设计师及景观设计实践都产生了深刻的影响。同时，这场讨论也使得艺术的思想和表现形式在景观领域重新得到了重视，促使许多景观设计师积极关注艺术领域，并从后现代主义艺术中大量吸取营养，从而使当代西方景观设计出现了多元化的倾向。

5.1.3　多元化的设计倾向

经过战后 20 年的发展，现代主义景观已经成为西方景观设计的主流。现代主义设计师对创新的渴求、对社会民主的信仰、对理性的坚持以及对未来的乐观态度已经奠定了现代主义景观的坚实基础，推动着西方景观设计的不断发展。到了 20 世纪 70 年代以后，随着欧洲经济的恢复，西方各国景观事业都进入蓬勃发展的时期。在自然和文化两大主题日渐清晰的前提下，西方景观设计在现代主义景观思想和风格的基础上，不断进行吸收、补充、调整和拓展，出现了极为多元化的发展趋势。随着各国新的景观项目大量出现，设计师之间的交流日益频繁，大量的设计师正在从事跨国界、跨地域的工作，他们把自己的文化背景、个人风格融入当地的景观设计之中。因此，按照不同国家和地区已经很难归纳这一时期西方景观设计的特征，但对于这一时期景观设计中的各种设计倾向的归纳有助于理解这一时期西方景观设计发展的新趋势。

（1）设计要素的创新

在西方当代景观设计中，最引人注目并且容易被把握的就是新颖和多样化的设计要素。当代社会给予当代设计师的材料与技术手段比以往任何时期都要多，当代设计师可以更加自由地运用各种创新的设计要素与地形、水体、植物、建筑等传统要素共同创造景观与环境。

比如在辛辛那提大学图书馆广场设计中，由于广场下面为停车场，所以广场上不能种植大型乔木。为了弥补空间竖向上的不足，设计师乔治·哈格里夫斯（George Hargreaves）布置了一组细长的锥体氖光灯，使得灯具从景观中的配景要素一跃成为广场上的主要视觉要素，体现了对设计要素的创新使用。（图 5-1）而在 1988 年开始建设的加州拜斯比公园（Byxbee Park）中，同样由于场地原来是垃圾填埋场而不能种植乔木，哈格里夫斯借鉴大地艺术的手法，将大量顶部被削平的木杆阵列布置在坡地上，隐喻了人工和自然的结合。同时他还采用破碎的贝壳来作为小路的铺装，以此来象征当年印第安人打鱼后留下的贝壳。[4] 在理查德·哈格（Richard Haag）以及彼德·拉兹（Peter Latz）设计的一系列后工业场地公园中，原本被看作垃圾、废弃物的旧厂房、机器设备等则作为设计要素得到重新的评估和利用，这些残破的厂房和锈迹斑斑的机器设备被设计师加以改造，赋予新的功能，成为公园景观的一部分，彻底颠覆了人们对景观设计要素的传统观念。（图 5-2）而一些深受当代艺术影响的景观设计师在设计要素的方面

图 5-1　辛辛那提大学图书馆广场　　　　　　图 5-2　哈格设计的西雅图煤气厂公园

展现了过多的创新性。玛莎·施瓦茨受波普艺术影响，她的作品经常借用日常生活中的现成素材，通过艺术化的创造，营造出独特的景观效果。比如在马萨诸塞州怀特海德研究所屋顶花园设计中，由于缺乏阳光、水源和养护人员，所以她采用了塑料植物，不仅减轻了屋顶的承重，而且节约了养护成本。在迈阿密国际机场的隔音墙设计中，施瓦茨创造性地将彩色玻璃镶嵌在墙体上，让透过玻璃的阳光形成五颜六色的彩色光圈，从而以廉价的材料将冰冷的隔音墙转变成生机勃勃的景观墙。

　　由于科学技术的进步，新材料与技术的应用，当代景观设计师具备了超越传统材料限制的条件，通过选用新颖的建筑或装饰材料，达到只有当代景观才能具备的质感、色彩、透明度、光影等特征，或达到传统材料无法达到的规模，这在一些具有创新或前卫精神的设计师身上反映突出。例如彼德·沃克（Peter Walker）在伯奈特公园（Burnett Park）的喷泉水池和玛莎·施瓦茨在瑞欧购物中心（Rio Shopping Center）庭园的黑色水池池底分格条均采用了光纤代替灯光效果，沃克设计的水池边还用金黄色不锈钢做了池壁。（图 5-3）屈米（Bernard Tschumi）在拉·维莱特公园（Parc de la Villette）设计的景观建筑也颠覆了人们对景观建筑的传统理解，他采用大红色瓷釉钢板建造成 40 个鲜红色具有构成主义特点的小构筑物，这些小构筑物有的是茶室、临时托儿所、问讯处等功能性建筑，有的则根本没有明确功能。（图 5-4）

　　（2）生态与艺术的融合

　　全球性的环境恶化与资源短缺使人类认识到对大自然掠夺式的开发与滥用所造成的后果，应运而生的生态与可持续发展思想给社会、经济及文化带来了新的发展思路，自然生态成为越来越多的景观设计师所关注的课题。麦克哈格的经典

图 5-3　伯奈特公园的喷泉水池　　图 5-4　拉·维莱特公园的小构筑物

之作《设计结合自然》提出了综合性生态规划设计思想，对西方景观产生了深远的影响。诸如保护表土层、不在容易造成土壤侵蚀的陡坡地段建设、保护有生态意义的低湿地与水系、按当地群落进行种植设计、多用乡土树种等一些基本的生态观点已广为景观设计师所理解和掌握。在西方现代景观设计中，生态与艺术的结合通常有两种主要方式：一种是通过工程技术手段，结合艺术设计手法，解决场地的生态问题；另一种是通过艺术化的表现形式，展现当代的生态思想和环境问题，引发人们的思考。

　　在生态与环境思想的引导下，一些生态工程技术措施，例如为减小地表径流的场地雨水滞蓄手段、为两栖生物考虑的生态驳岸工程、污水的自然或生物净化技术、污染土壤的改良技术等均被运用于当代景观设计之中。在 20 世纪 70 年代的西雅图煤气厂公园（Gas Works Park）设计中，由于土壤深层受到石油精和二甲苯的污染，设计师理查德·哈格引入能消化石油的酵素和其他有机物质，通过生物和化学作用逐渐清除污染，并在土壤中添加了下水道中沉积的淤泥、草坪修剪下来的草末和其他可以做肥料的废物，它们能促进泥土里的细菌去消化积累了大半个世纪的化学污染物。此后一系列在工业废弃地上建造起来的公园在处理受污染的土壤时，都采用了类似的生物化学措施。而在德国柏林波茨坦广场，由于柏林市地下水位埋深较浅，要求建成的广场既不能增长地下水的补给量，也不能增加雨水排放量。所以在广场地下放置特制的储水箱，将收集到的大部分雨水通过水泵和过滤器输入各个大楼的中水系统用于冲厕或浇灌绿地，而另一部分雨水则通过地上的"净化生境"进入地面景观用水。所谓的"净化生境"由芦苇等

图 5-5　切维亚街头绿地中的景观小品

水生植物和培养在上面的净化微生物构成。经过"净化生境"净化的水被用于广场上的各种水景，从而形成了一个高效而富有活力的景观生态系统。[5]

　　面对当今的生态问题和环境危机，景观设计师们除了在设计中采用先进的生态工程技术，还时常用艺术作品的形式来表达生态思想与环境意识，引发人们对生态环境的关注。彼德·沃克于 1995 年在加州美术中心以"加州的三维空间"为主题的展览上展出了一个临时性的庭园——地球表面 (Ground Covers)。他用了 108 个约 45 cm 见方的种植盒（每一盒还均等地划分为 36 小格）来表示地球表面的海水、淡水（包括固态的冰、饮用水和被污染的水）、沙漠、森林、草地、农田、城市、园林等所占地表的比例。庭园的主题带有明显的警世色彩，用一种独特的方式表达了对生态环境恶化及资源短缺的担忧。在国外的一些城市广场和公园中，还常常出现一些用日常生活中的废弃物制作的景观小品，这些景观小品让人们通过艺术的形式理解人的行为与生态环境之间的关系。比如在意大利生态城市切维亚（Cervia）的街头绿地中，来自于日常生活的废玻璃瓶、废自行车被改造成各种各样的景观小品。虽然这些物品在生活中已经司空见惯，但经过设计师的艺术改造，却产生出新颖而独特的景观效果（图 5-5）。还有一些废弃的砖块、枕木，甚至是枯死的树木，也被用来作为花坛的镶边材料。这些废弃物做成的景观小品不仅体现了设计师的丰富创意，而且展现出一种通过艺术展示生态思想的设计美学，反映出生态环保、可持续发展的理念已经深入当代西方的景观设计。

　　（3）场所精神和文脉意识

　　"场所精神"（Genius loci）是挪威建筑学家诺伯舒兹（Christian Norberg-

Schulz）提出的概念。他指出，根据古罗马人的信仰，所有"独立的"本体，包括人与场所，都有其"守护神灵"陪伴其一生，同时也决定其特性和本质。[6] 实际上就是指一块场地内在的综合特征与精神气质，它时常成为当代艺术家、建筑师、景观设计师创作的灵感来源。"文脉"（Context）一词最早来源于语言学，有人将其译为"上下文"。广义的理解，文脉就是各元素之间、局部和整体之间的内在联系。该词伴随着对现代主义建筑的批判进入建筑领域，意指人与建筑的关系，建筑与城市的关系，整个城市与其文化背景之间的关系。[7]

现代主义景观虽然开创了新的形式和风格，但许多现代主义设计师更多追求的是形式与功能的结合，他们的主要精力放在对平面和空间形式的探索上，而对景观及其环境所蕴含的文化意义则较少过问，这是与现代主义艺术重形式而轻内容的倾向是一致的。场所精神和文脉意识的传播，使得挖掘、整理、提炼场地的历史文化传统和环境特征并通过视觉景观表现出来，成为当代景观设计中的重要任务。比如在废弃地景观改造问题上，以前是将废弃地内的遗留物作为垃圾全部清除，代之以人们较为熟悉的田园式景观。但 20 世纪后期，人们开始重新评价废弃地中的工业建筑和设施等遗留物，认为它们是记录一个时代经济、科技发展水平和社会风貌的实物文献，已经内化为场地文脉的一部分，对于后人正确理解场地上的历史有着积极的意义。[8] 所以，在美国西雅图煤气厂公园设计中，最初政府希望将其彻底改造成传统的田园式景观，但设计师理查德·哈格在充分理解了场地文脉后，并没有将田园式景观强加在这块对城市有过重要贡献的工业景观之上，而是在场地上保留了相当一部分工业设备与构筑物，以一种唤起工业历史记忆的方式重塑了场地。彼德·拉兹的一系列项目在这方面走得更远，尤其在德国杜伊斯堡北部风景公园（Duisburg North Landscape Park）设计中，不仅大量的机械设备和工业建筑得以保留，而且还被创造性地赋予新的社会功能，从而以极富想象力的方式将自然和文化结合起来，实实在在地将自然和文化两大主题有机结合起来。（图 5-6）

以上是通过保留场地原有的实物来体现文脉，还有的则是通过人工设计的景观来揭示场地的文化和环境特质。建筑师文丘里在 1972 年费城附近的富兰克林纪念馆设计中，为了表现对老街区环境的尊重，他将纪念馆主体建筑置于地下，地面上则用白色大理石和红砖铺砌出故居建筑的平面，用不锈钢框架勾勒出故居的建筑轮廓，以唤起人们对于故居的记忆，并结合展示窗、绿地、树池创造了一个极富精神意义的景观环境。[9]（图 5-7）由美国 SWA 集团与雕塑家格兰 (Robert Glen) 在 1985 年合作的得克萨斯州威廉姆斯广场（Williams Square），在一条

图 5-6　杜伊斯堡北部风景公园

带状小溪中，布置了一组神态逼真
的青铜群马雕塑，水中低矮的喷泉
乍一看仿佛是骏马在水溪中飞奔时
四溅的水花，奔马群雕与水花四溅
的小溪在空旷的广场衬托下，表达
了设计师与雕塑家对得州北部空旷
的草原景观与其中的牛仔生活的追
忆。（图 5-8）在剑桥怀特海德生
化所（Whitehead Institute）屋顶
花园设计中，设计师玛莎·施瓦茨
试图把花园同研究所从事的研究联
系在一起。她用法国古典主义园林
和日本的禅宗庭园象征两种不同的

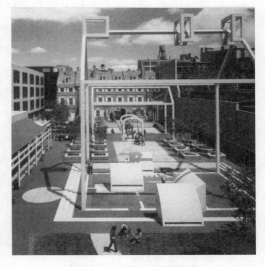

图 5-7　富兰克林纪念馆外部环境

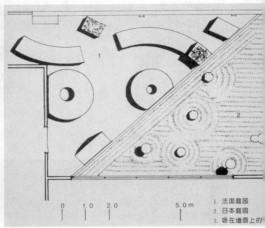

图 5-8　威廉姆斯广场的青铜群马雕塑　　　　图 5-9　"拼合园"平面图

基因，将两者拼合在一起来隐喻研究所的"基因重组"工作，因此该花园又被称为"拼合园"。（图 5-9）

（4）景观与其他艺术门类的结合

当代景观设计师一方面坚持着现代主义的传统，另一方面也在实践中表现出来自艺术世界的影响，而许多艺术家也同样进行着景观设计的工作，这使得景观和其他艺术门类的界限正被逐渐模糊。[10] 以雕塑为例，过去它一直作为景观中的一个装饰要素，即使像亨利·摩尔这样的现代主义雕塑家，其作品也主要是作为景观空间中的装饰物。到了后现代主义艺术的兴起，大地艺术、极简主义艺术等逐渐颠覆了传统雕塑的意义，同时随着景观设计师和艺术家合作的加深，雕塑和景观两种艺术门类不断相互渗透，彼此表现出对方的一些特质。

作为艺术运动，极简主义在 20 世纪 60 年代兴起，其创作目的是要通过把造型艺术剥离只剩下最基本的元素而达到"纯粹抽象"。极简主义雕塑形式简约、明晰，色彩均匀平整，强调重复、系列化地摆放物体元素。（图 5-10）而当极简主义热潮逐渐消退，它就开始转移到比较宽阔的野外空间去发展，这种转移带来了"大地艺术"的兴起，大地艺术根据极简主义艺术的一系列方法和原则，在大地表面上进行雕塑创作。[11]（图 5-11）

极简主义和大地艺术都对 70 年代以后的景观设计产生了深刻的影响。极简主义追求抽象、简化和几何秩序，启发一些设计师用较少的形体和材料来控制大尺度空间，形成简洁有序的景观风格。比如彼德·沃克设计的一些景观在构图上强

图 5-10 混凝土永久装置
（贾德，1981—1984 年）

图 5-11 "上下"（霍尔特，1998 年）

调几何与秩序，多用简单的几何形体如圆、椭圆、方、三角，或将它们加以重复，表现出极简主义雕塑的特征。彼德·沃克为哈佛大学校园设计的泰纳喷泉（Tanner Fountain）（1984）由一系列巨石围合成同心圆形式，草地、沥青和混凝土路面在圆的不同点上相互交错，不断改变着场所的质地与色彩。[12] 泰纳喷泉既是一处可以供人休息活动的景观空间，又是一座大尺度的极简主义雕塑，在其中传统的艺术门类界限变得模糊。（图 5-12）

　　大地艺术由于和景观设计都采用自然材料进行创作，所以对景观设计的影响更加直接，一些大地艺术作品的形式和手法也直接被景观设计师借用过来。哈格里夫斯就善于运用大地艺术塑造地形的手法，他在圣·何塞市的瓜达鲁普河公园（Guadalupe River Park）、路易斯威尔市的路易斯威尔滨河公园（Louisviller Waterfront Park）等一些滨水景观项目中，通过对地形的塑造，创造了既独特又具有生态意义的景观形式。古斯塔夫森在法国莫不拉斯（Morbras）设计的贮水池公园，同样采用了大地艺术的手法，把整片场地塑造成具有雕塑般品质的公园，与周边的大环境融为一体。[13]（图 5-13）在谢尔石油公司总部环境设计中，古斯塔夫森又采用起伏的大草坡和直率的白色墙面进行对比，表现出强烈的形式感和整体感。（图 5-14）

　　此外，野口勇、佩珀（Beverly Pepper）、塔夏（Athena Tacha）等雕塑家也直接参与到景观设计之中，他们采用雕塑的思想和手法来设计景观，更加强了两种艺术之间的融合。野口勇在 20 世纪中期就开始了将雕塑艺术与景观设计相

图 5-13 贮水池公园

图 5-14 谢尔石油公司总部环境

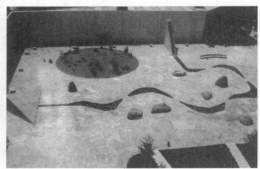

图 5-12 泰纳喷泉

图 5-15 加州情景园鸟瞰

结合的尝试。在 1980 年至 1982 年期间，野口勇受西格斯特罗姆家族公司委托设计的"加州情景园"（California Scenario）就是用雕塑的手法创作的一个庭园。设计师在整个庭院中安排了众多主题来叙述对加州的历史地理与环境变迁的深切感受，地面浅棕色的片石铺砌、种植的仙人掌、断断续续的水渠都是加州干燥、空阔等特征的反映。（图 5-15）尽管该庭园因为颠覆人们对庭园的传统理解而受到诸多争议，但它毕竟在探索两种艺术门类的结合方面起到了积极的作用。

（5）传统的继承与解构

现代主义景观一个重要特点就是反传统，而随着后现代主义思潮的兴起，以及现代主义对自身文化底蕴缺失的自省，传统又开始被人们所重视。实际上，在20世纪西方景观设计发展过程中，传统园林的影响始终没有完全消失过，不仅一些私人庭园仍会沿用传统手法，而且像凯利、杰里科这样的现代主义者也在设计中借鉴了许多传统园林的手法。当代许多景观设计师更是将传统园林作为启迪设计与了解文化传统的场所，从美国的彼德·沃克、哈格里夫斯到荷兰的阿德里安·高伊策 (Adriaan Geuze)、德国的彼德·拉兹、法国的亚历山大·谢梅托夫（Alexandre Chemetoff）等等，他们或在大学毕业之后，或在事务所工作了一段时间之后，就会花上半年、一年甚至更长的时间在世界各地旅行，观摩历史上的伟大作品，感悟传统的精神，回来后实现崭新的蜕变，攀上事业的高峰。[14]

在传统的继承问题上，当代景观设计师通常会选择两种途径。一种是将某些传统元素作为形式语言直接应用到当代景观之中，让人隐约感受到景观和历史传统的联系。美国SASAKI事务所在查尔斯顿滨水公园的设计中就直接借鉴了欧洲传统的造园要素，在沿河的景观带上设置了维多利亚风格的路灯、坐椅和栏杆，传统欧式布局的喷泉和花坛，以及法国古典主义的大草坪，从而在整体上形成了一种新古典风格。（图5-16）在为1988年冬奥会建造的加拿大卡嘉瑞市（Calgary）的奥林匹克广场中，设计师在场地的两块水面之间布置了一组双柱廊架，其独特的形式来源于印第安阿兹台克神庙。（图5-17）

图5-16 查尔斯顿滨水公园中的传统 图5-17 奥林匹克广场的廊架
元素

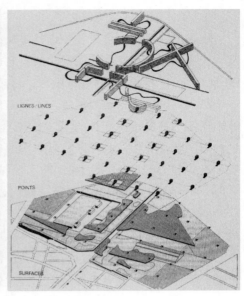

图 5-18　凯宾斯基饭店环境　　　　　　　　图 5-19　拉·维莱特公园的三层系统

　　另一种途径则是对传统的形式进行分解和重构，使景观更多地体现出对传统的创新和超越。彼德·沃克在德国的凯宾斯基饭店（Hotel Kempinski）环境设计中，将传统勒·诺特式园林中常用的整形绿篱、草坪、彩色砂石等元素提炼出来，但没有采用传统的手法来表现，而是将其彻底分解，并用带有极简主义色彩的现代构成手法将这些元素重新整合，创造了一个极具视觉冲击力的现代庭园。（图 5-18）

　　建于 20 世纪 80 年代的巴黎拉·维莱特公园被誉为建筑师屈米解构主义的代表作品，也是解构主义理论在景观设计中为数不多的运用，具有极强的现代感。他以不相关方式重叠的裂解为基本理论，以三个各具自律性的点、线、面抽象系统为工具，设计了公园的基本框架。（图 5-19）三个系统中的"线"系统构成了全园的交通骨架，它由一些长廊、林荫道和园路组成。在线系统之上重叠着"面"和"点"的系统。面系统由 10 个主题花园和几块形状不规则的草坪组成，以满足游人自由活动的需要。点系统由间距为 120 m 的一组红色构筑物布置为方格网形式。这些红色小建筑有些与公园的服务设施相结合，有的处理成观景台，有的只是雕塑般的添景物。虽然屈米的解构主义理论非常晦涩难解，然而如果将公园的红色小建筑和长廊作为一个层面剥离，剩下的草地、树林、林荫道、花园则与传统的造园要素相比没有太大的区别。[15] 进一步仔细研究这些要素的布局，便会发现它们与法国的古典园林有着相当多的联系。比如，如果把园中的展览馆看作是古典园林中的主体建筑——宫殿，那么它周围的水面就可视作古典园林中的水渠，水面以南的广场花园可以看作传统大花坛的简化，乌尔克运河则可媲美勒·诺特园林中的大运河，运河两岸开敞的草地则与传统园林中的"绿毯"具有相同的作用，而一系列小花园仍然是传统"丛林园"的现代诠释。（图5-20）

图5-20（a）拉·维莱特公园中的展览馆（左上）
图5-20（b）沃·勒·维贡庄园主体建筑（右上）
图5-20（c）乌尔克运河及两岸开敞的草地（左中）
图5-20（d）凡尔赛园林中的"绿毯"和运河（右中）
图5-20（e）拉·维莱特公园中的小花园——竹园（左下）
图5-20（f）凡尔赛园林中的小花园（右下）

也就是说，公园中的各种要素均可在传统园林中找到原型，只是在解构主义思想的指导下，这些要素不再表现为严谨而有秩序的构图，而是表现为冲突的相互穿插、叠加的构图。巴黎的另一座公园——安德烈·雪铁龙公园（Parc Andre Citrone）也体现出类似的特征，它通过一系列大大小小的矩形在平面组合表现了对传统园林空间的继承，然而一条颇为霸道的斜向轴线则是对传统空间格局的彻底颠覆。（图 5-21）

（6）具象形式和平民美学

现代主义艺术中创造的大量抽象形式，为 20 世纪五六十年代的西方景观设计提供了丰富的形式语汇，无论是加州花园还是马科斯的超现实主义庭园，采用的都是抽象的线条而非现实中的具象形式。然而，西方社会在由工业社会向后工业社会的变迁中，整个社会结构、文化和政治的中轴原则也发生了变化，文化艺术也出现了生活化、平民化的趋势，艺术由少数知识精英盘踞的象牙塔发展成为一般大众的生存策略。[16] 20 世纪中期出现的一些艺术流派率先开启了艺术从文化精英走向平民大众的通道，它们使一些极为寻常的事物具有了成为艺术品的可能。"拼合艺术"采用城市中的废弃物直接做成雕塑，"波普艺术"将大众生活中司空见惯的图像与物品纳入艺术范畴，"大地艺术"则直接在一些被人们忽视甚至遗忘的废弃场地中进行创作，这些艺术都把焦点投向对平凡事物和普通世界的体验，从而开启了艺术的平民化美学倾向。这种美学倾向启发人们关注身边寻常事物的价值，也对西方现代景观设计美学产生了深刻影响。

在这种艺术和美学思想的影响下，一些来自人们生活中的实物形象逐渐进入景观设计的形式语汇当中。在查尔斯顿滨水公园，设计师在公园的视觉焦点上摆放了一个菠萝造型的喷泉，水从"菠萝"顶端倾泻而下，体现了波普艺术对景观的影响。（图 5-22）在施瓦茨的景观设计中，具象形式更是经常被采用。施瓦茨主张设计应当被所有社会阶层所享用，所以她的作品中鲜有昂贵的材料及精致的装饰品，相反却充斥着日常生活中司空见惯的现成品和具象形式。[17] 在 1988 年建成的亚特兰大瑞欧购物中心庭园中，施瓦茨设计了高 12 m 的钢架球作为庭园的视觉中心，而最引人注目的则是她在庭园中阵列放置了 300 多个镀金青蛙，这些"青蛙"有的在草地或沙砾上，有的漂浮在水面上，青蛙的面部都朝向钢架球，似乎在表示尊敬。（图 5-23）而在 1991 年建成的加州科莫斯（Commerce）的城堡（The Citadel）商业区中心广场，施瓦茨将 250 棵椰枣树的树池设计成白色轮胎状，用以唤起人们对场地曾经是汽车轮胎厂的记忆。（图 5-24）

另一位女设计师帕特丽夏·约翰松（Patricia Johanson）则擅长于将自然界

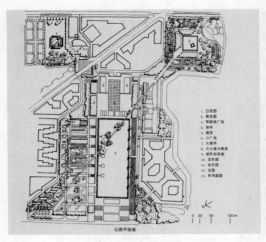

图 5-21　安德烈·雪铁龙公园平面图

图 5-22　查尔斯顿滨水公园的菠萝型喷泉

图 5-23　瑞欧购物中心庭园中的镀金青蛙

图 5-24　加州科莫斯的城堡商业区中心广场

中的一些动植物的形态直接运用于景观设计之中，并将这些形式和生态的需要以及活动功能结合起来。1978 年，她在达拉斯泻湖游乐公园（Fair Park Lagoon）设计中，采用当地植物慈姑菌的形式作为造型基础，在公园水面上建造了大型的混凝土构筑，这种造型夸张的构筑并不仅仅为了满足视觉上的冲击力，它还可以有效防止堤岸遭受侵蚀，充当水上道路和桥梁，为各种植物、鱼类、海龟和鸟类创造多样性的栖息环境，并给游人带来丰富的游览体验。[18] 由于该公园毗邻达拉斯自然历史博物馆，公园中的动植物很快就成为博物馆的天然教育展品，慈姑

图 5-25 达拉斯泻湖游乐公园

图 5-26 烛台湾濒危物种公园以蠕虫与
蛇为原型的景观

菌形式的构筑也很好地体现了自然历史博物馆的精神气质。（图 5-25）在 1987
年开始设计建设的旧金山烛台湾濒危物种公园（Endangered Garden）中，她大
胆采用了蛇与蠕虫的造型。公园场地原本是下水道，约翰松将下水道埋入地下，
而在其上建造滨海大道。她选择了旧金山濒危物种——袜带蛇作为公园标志性地
景的造型基础，"蛇头"被设计成高大的土墩，作为蝴蝶的避风场所，"蛇身"
不断扭动，时而与滨海大道叠合，时而脱离大道形成了许多可以供人停留、游戏
的场所。"蛇"的尾端通往一个制高点，在上面可以俯瞰海湾的景色。从制高点
下来的阶梯则被设计成蠕虫造型，一直通往水路交界处，并且形成了许多水陆两
栖动物的栖息地。[19]（图 5-26）

　　这些具象形式在景观设计中的应用，体现了 20 世纪中后期西方艺术从精英
化走向平民化，美学趣味更加迎合普罗大众的趋势。

　　（7）注重景观的生命过程

　　过去的设计师都希望设计出稳定持久的形象，虽然景观设计要考虑植物的生
长、季相的变化等因素，但人们还是追求设计一种相对永恒的、持续的和保持不
变的景观。尽管恒定形象的塑造在当代景观设计中仍然很重要，但有越来越多的
设计师认为这种视觉和形态的优先性极大地限制了景观全面而生动的创造力。地

理学家乔纳森·史密斯（Jonathan Smith）也认为，景观的"耐久性"和自主性使其物质外观不断远离其创作时的效果和景象。[20] 也就是说，随着时间的流逝，景观会逐渐改变最初设计时的面貌。实际上，景观设计不同于其他许多艺术门类的一个重要方面就是它的时间纬度。正因为景观设计这一特性，在当代西方景观设计中出现了一种强调景观生命过程的设计倾向。设计师们希望时间和景观各要素自己做功，并在与人的相互作用中形成自己的最终形式。

　　哈格里夫斯就认为，时间、重力、侵蚀等自然的物质性与人的出现可以发生互动作用，所以他致力于探索介于文化和生态两者之间的设计方法。即从场地的特性去找寻景观过程的内涵，建立与人相关的框架。哈格里夫斯把这种方法比喻为"建立过程，而不控制终端产品"。也就是说，他在基地建立一个舞台，让自然要素与人产生互动作用。在1985年设计的旧金山烛台角文化公园（Candlestick Point Cultural Park）中，他并未像传统公园那样做过多的布置，他只是顺着风的主导方向，开辟了一个迎风口，种植一些乡土的野草、野花和灌木。整个公园朴实无华，但又耐人寻味，哈格里夫斯只想为公园建立一个系统，而让环境和社会的变迁来对场地进行塑造。（图5-27）

　　荷兰景观设计师阿德里安·高伊策也将景观作为一个动态变化的系统，他认为设计的目的在于建立一个自然的过程，而不是一成不变的如画景色。[21] 20世纪90年代初，在荷兰东斯尔德（Oosterschelde）水坝项目中，由于工程花费惊人，当巨大的水坝建成之后，几乎没有资金再去清理建造时留下的建筑、码头和凌乱的工地。高伊策的事务所得到委托，清理这片乱糟糟的区域。他的方案首先将砂石堆平整成一片高地，让人们开车沿着大坝行进时能看到广袤无垠的大海。然后对这块高地进行了艺术化的处理，在上面用当地渔业废弃的深色和白色贝壳相间，铺成3 cm厚的色彩反差强烈的几何图案。当汽车飞速疾驶过，司机能够领略广阔的大海和高地上吸引人的黑白韵律，不同色彩的贝壳也会吸引不同种类的鸟类来此栖息。（图5-28）当然，这并不是永久的景观。若干年后，通过自然力的作用，薄薄的贝壳层会渐渐消失，这片区域将最终演变成为海边的沙丘地。

　　1994年，高伊策在阿姆斯特丹机场景观设计中，和当地的林业机构合作，采用最适合在这里生长的桦树作为骨干树种，每个植树季节里都在这里种植12.5万株桦树，持续8年。植物逐渐成为森林，占据了所有的空地和废弃地。桦树林下还种植了红花草，因为红花草可以固氮，为树木的生长供给有机肥料。设计师还委托养蜂人安装一些蜂箱，蜜蜂能够传播红花草的种子。就这样，在阿姆斯特丹机场里形成了一个小的生态圈，桦树、红花草和蜜蜂形成了一个物质循环的共

图 5-27　烛台角文化公园鸟瞰　　图 5-28　东斯尔德水坝环境

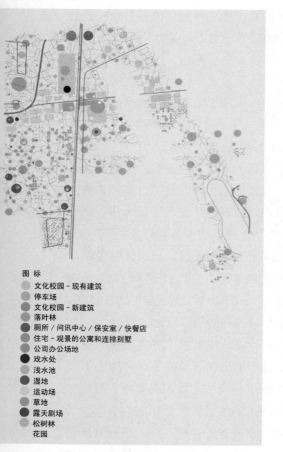

图标
- 文化校园 - 现有建筑
- 停车场
- 文化校园 - 新建筑
- 落叶林
- 厕所 / 问讯中心 / 保安室 / 快餐店
- 住宅 - 观景的公寓和连排别墅
- 公司办公场地
- 戏水处
- 浅水池
- 湿地
- 运动场
- 草地
- 露天剧场
- 松树林
- 花园

图 5-29　"树城"平面图

生群落。这个项目充分体现了"景观是一个过程"的思想。

在 20 世纪末的加拿大当斯维尔公园设计竞赛中，由于场地是一个被废弃的空军基地，场地的生态系统遭到破坏，而周边的土地也有待于新的开发。在生态系统恢复和未来城市发展存在种种不确定性的情况下，许多参赛的设计团队都淡化了景观的最终形式，而将重点放在研究景观发展的过程上。最终的获奖方案——荷兰建筑师雷姆·库哈斯（Rem Koolhaas）设计团队提交的"树城"（Tree City），是一份完全没有具体形式的方案，它只提供了指导公园景观发展的策略和表示未来公园组成要素的符号，而这些组成要素也不是固定的，它们将根据未来场地的发展进程来布置。（图 5-29）这确保了将来的公园场地具有更大的灵活性和可塑性，有助于协调由于过程的复杂性而产生的结果与愿望之间的冲突，能更好地应对公园场地和周边城市生活的转变。[22]

5.2 景观设计对后现代主义艺术的借鉴

5.2.1 思想层面

（1）重估传统的价值

从艺术发展史的角度来看，每当一种艺术形式走到极端的时候，紧接着的必然是一种回归。当然，这种回归并不是对从前艺术的简单重复。20世纪重要的艺术运动和潮流都有一个共同点，那就是反对研究自然形象，因为大多数人相信，唯有最彻底的摆脱传统，才能导致进步。[23] 随着现代主义艺术越来越追求抽象而脱离现实生活，一些被它忽视甚至否定的价值被重新重视和评估。传统绘画艺术所追求的写实性、再现性、叙事性等美学特征已经被现代主义艺术抛弃了很久，而在后现代时期，再现绘画又重新得到应有的重视，写实主义艺术又卷土重来。[24] 这表现了人们在经过近百年来对再现写实艺术传统的反叛后的一种新的回归。

建筑艺术方面对传统的回归更加明显。由于绝大多数现代主义建筑没能有机地与传统的、非现代的环境相结合，有些甚至故意忽视既有环境，所以后现代主义建筑师将"文脉"看作设计中的重要原则之一；而一些后现代主义建筑师则希望通过某些传统建筑元素的运用，使建筑摆脱千篇一律的"国际式"风格。比如建筑师菲利普·约翰逊（Phillip Johnson）设计的美国电话电报公司大厦，广泛采用了罗马、文艺复兴、哥特等风格细节，使建筑达到古典主义的装饰特色。而建筑师格雷夫斯（Michael Graves）设计的波特兰市政厅建筑就是从古典建筑的拱心石及古典柱式中演绎出各种构图要素，将其拼贴到方形建筑上，为后现代主义建筑树立了一种典型的风格范式。（图5-30）

对于传统，现代主义景观并未像现代主义建筑那样背弃得如此坚定，可以看到即便是像凯利、杰里科、马科斯、巴拉干这些现代主义景观设计师的作品仍然包含了对传统的继承。随着后现代主义对传统价值的重估，古典园林中的一些元素又重新被吸收和采用。当然，当代西方景观设计师并不是简单的复古，而是有选择的吸收或加以分解和重构。比如前文已经提到的查尔斯顿滨水公园、德国的凯宾斯基饭店庭园、巴黎的安德烈·雪铁龙公园和拉·维莱特公园等均是承袭了传统园林的精神，而又通过现代的设计手法表现出时代感。而建筑师查尔斯·莫尔（Charles Moore）在1974年设计的新奥尔良市意大利广场则将科林斯、爱奥尼、多立克、塔斯干等古典柱式作为符号拼凑出来，并用现代材料加以表现，虽然是以戏谑的手法对古典符号加以拼贴，但也体现了对于传统元素的重新关注。（图5-31）

图 5-30　波特兰市政厅建筑　　　　　图 5-31　新奥尔良市意大利广场

（2）生态与环境意识的加强

随着 20 世纪中叶生态和环保意识的增强，与现代主义相伴而生的"人类中心论"受到越来越多的质疑，生态、环保和可持续的思想也进入艺术家的创作之中。许多艺术家收集城市生活中的废弃物制作成环境艺术品正是为了让大众认识到无度的生产和消费行为给生态环境带来的破坏，提醒大众回收利用、循环再生的重要性。而大地艺术则与同时期发展起来的生态主义和环保思想有着更加内在的联系。许多大地艺术作品都蕴含着一些生态主义思想和原则，比如对环境的最低干扰、利用现成材料、让自然自己做功等。此外，大地艺术作品往往选择废弃的土地作为创作环境，这给景观设计师处理类似场地带来了很大的启发：一方面，它对环境的微小干预并不影响这块土地的生态恢复过程；另一方面，在遭破坏的土地漫长的生态恢复过程中，它以艺术的主题提升了景观的质量，改善了环境的视觉价值。因此，大地艺术手法经常成为各种废弃地景观更新的有效手段之一。

景观本身就是涉及生态与环境的艺术，在这一时期更是承担起维护生态平衡、修复受损环境的重任。麦克哈格的《设计结合自然》虽然主要是从科学角度论证景观设计在人与环境之间的关系，但它促使越来越多的景观设计师在设计时将生态作为基本原则之一。土壤修复、水体净化、雨水收集、生境营造等一系列新的生态工程技术也被开发出来并用于景观设计实践，极大地开阔了景观设计的思路

图 5-32 主题雕塑 "利马豆精神"

和方法；受生态思想影响的许多艺术创作手法也被景观设计师吸收和借鉴，丰富了景观设计的手法，这在前文已有阐述。今天，强调生态和艺术的结合已经成为景观设计的一个重要趋势。

（3）重视观念的作用

现代主义艺术和后现代主义艺术都是富有创造性的艺术，所不同的是现代主义艺术更加注重新颖形式的创造，而后现代主义艺术则更加注重新颖观念的创造。早在 1917 年杜尚就曾说过，"观念比通过观念创造出来的东西要有意思得多。"[25] 这种思想把新一代艺术家的目光从形式的探索吸引到观念的表达上来。伊夫·克莱因在 1958 年举办的名为《空》的展览，以及 1959 年创作的《非物质的形象感受区》就是这种倾向的早期体现。到了六七十年代，越来越多的艺术家认为物质主义束缚了艺术家的思想自由，于是观念在艺术中的地位得到了前所未有的提高。过程艺术强调艺术创作的过程，偶发艺术将偶发性事件、行为艺术将行为作为艺术，大地艺术把自然的过程作为艺术，而观念艺术则认为观念本身就是艺术。这些艺术流派的共同之处就是更加注重艺术家观念的表达，而非形式结果的创造。正因为如此，索尔·勒维特才提出，思想本身就是艺术品。

这种重观念、轻形式的思想也影响到景观设计。一方面，这使得在一些景观作品中我们看到一些令人难以理解的形式，只有通过设计师的注解，我们才能明白设计师想表达的深层意义。雕塑家野口勇在加州情景园中用雕塑的语言颠覆了人们对庭园的传统理解，而其中的一些主题景观只有通过设计师的解释才能为大众理解：栽有仙人掌的沙地象征加州的沙漠风情，周边种有红杉的森林步道则象征加州的海岸风光。由不锈钢圆柱和石块组成的 "能量喷泉" 象征着加州当代经济的繁荣昌盛。主题雕塑 "利马豆精神" 为一组咬合垒叠的石组，表示对委托方西格斯特罗姆家族公司的主要产品——蚕豆的敬意。[26]（图 5-32）整体来看，庭园景观表达了设计师对加州历史地理与环境变迁的深切感受。施瓦茨的"拼合园"将法国古典主义园林和日本的禅宗庭园两种原型"拼合"在一起，如果不了解怀特海德生化所的研究工作，恐怕也难以理解设计师在设计中所用的传统园林"基因重组"产生新庭园的隐喻手法了。

另一方面，这种影响也促使一部分设计师把设计关注的焦点从形式转移到景观发展的过程上，这给景观设计开辟了新的思路和方向。如前所述，景观的成型本身就需要一个漫长的过程，尤其对于一些在生态环境、城市发展诸方面存在不确定性的场地，其景观设计更需要慎重。在这类景观设计项目中，当代设计师往往会采用一个开放的设计策略，这个策略将为场地建立起一个生态过程和人文过程，这个过程涉及风与水的侵蚀、植被的更替以及人的活动的影响等等，这个过程历经时间影响着场地并形成它自己的景观。这种思想在美国的哈格里夫斯、荷兰的库哈斯和高伊策等人的设计中均有所体现。高伊策还在他的文章中写道，"建筑师和工业设计师经常视他们的设计为天才的最终作品，其艺术始于他们的大脑。那样的设计不堪一击，景观设计师惯于将它置于远景中，因为他们知道他们的设计会不断调整与改善。我们要学习不要将景观视为既成现实，而是作为许多影响和作用的结果。"[27]

（4）从精英艺术到大众文化

现代主义艺术强调精英性，到了后现代主义艺术，则体现出世俗性和大众化。20 世纪中期出现的"拼合艺术"和"波普艺术"率先开启了艺术从精英走向大众的通道。在 50 年代中期，用生活中废弃的现成品拼装在一起做成的雕塑作品已经出现，这种新的创作手法被杜尚称为"拼合"（Assemblage）。拼合艺术家采用从城市垃圾中捡来的废弃物直接构建作品，以这些从前被人们鄙视的、丑陋的事物挑战传统艺术的地位，挑战高雅艺术与生活的界限。拼合艺术的重要贡献就体现为一种美学观念上的重要转变，即这些艺术家们不再像抽象艺术家那样完全排除来自现实生活的经验以追求形式上的纯粹，而是试图通过物质形式上的变化，重新调整艺术和现实生活环境之间的关系。一些艺术家把这种创作手法进一步移植到户外环境中，使拼合艺术拓展为一个场景或整体空间，让观众置身其中并接受其影响，这对于当代景观设计尤其是工业废弃地的景观改造提供了新的思路。

在 20 世纪中期以前，由于"精英文化"占主导地位，只将古代建筑、广场和园林等看作是国家文化遗产的组成部分，工业废弃地上的工业遗存物并不为人所重视，往往在废弃地景观改造时将其作为垃圾全部清除。20 世纪中期以来，随着审美观念的转变，原来的垃圾、废物也有了成为艺术品的机会，加上世界性历史遗产保护观念的拓宽，越来越多的人开始认识到日常生活中的东西同样见证和表达了一个地区的文化发展，应当得到尊重。于是，人们开始重新评价这些废弃地中的工业建筑和设备，认为它们是记录一个时代经济、科技发展水平和社会风貌特征的实物文献。虽然这些建筑和设备并不美观，但反映了人们利用、改造这片场地的历史，已经内化为场地文脉的一部分。所以在 20 世纪后半期，保留废弃地中的工业建筑和设备并赋予其新的功能已经成为西方废弃地景观改造的普遍做法。

建于 20 世纪 70 年代的美国西雅图煤气厂公园就是将原先的工业建筑和设备保留并加以改造，对工业废弃地进行再利用的先例。理查德·哈格的方案最初也曾遭到西雅图当地居民的抵制，因为人们一时间还难以接受这些原本被视为垃圾的工业建筑和设备，但哈格坚持用艺术家的眼光看待这些锈迹斑斑的东西，认为它们具有"历史、功能和美学"等多重价值。[28] 最终，这一大胆的景观作品在形式创造、工业废弃物的美学价值等方面产生了广泛影响。20 世纪 90 年代，尝试用景观的手法来处理这种曾经有过辉煌的历史，但又破坏了当地环境，并且已经衰败的工业废弃地的设计作品更是大量出现。设计师运用了科学与艺术的综合手段，一方面通过生态工程技术修复受到破坏的环境，另一方面尽可能保留工业场地的遗迹以延续场地的文脉，这样既可以节约建设成本，又能达到工业废弃地环境更新、生态恢复、文化重建和经济发展的多重目的。这类作品中比较有影响力的包括德国国际建筑展埃姆舍公园的一系列项目、德国萨尔布吕肯市港口岛公园、德国海尔布隆市砖瓦厂公园、美国波士顿海岸水泥总厂及周边环境改造、美国丹佛市污水厂公园等等。

波普艺术对"精英化"的现代主义艺术反叛得更为彻底。波普艺术家直接从消费生产、大众生活的东西里提取素材，将周围世界司空见惯的图像与物品纳入艺术范畴，以此再现都市文明，反思现代社会。于是，从廉价的生活用品到明星头像，都进入波普艺术作品之中。波普艺术要做的就是：把艺术从高台上请下来，并将之划入真正的生活里。波普艺术的价值更多在于进一步转变了人们的审美观念，拓展了人类对艺术的理解，它引发人们反思艺术的基本定义、艺术与生活的关系。这也启发了一部分景观设计师直接将生活中的某些实物形象和材料运用到景观设计之中，使其取代景观中的传统装饰物，表现出一种大众趣味的审美倾向。

比如查尔斯顿滨水公园虽然在整体上采用了古典的设计元素，但其最主要的视觉景观——中央喷泉则采用了当地人喜闻乐见的"菠萝"的形式。在帕特

图 5-33　色彩夺目的瑞欧购物中心庭园　　图 5-34　明尼苏达联邦法院广场

丽夏·约翰松的作品中，同样可以看到对生活中实物形象的运用，不过她更多地采用动植物的形象，比如树叶、菌类、蛇、蝴蝶等的造型，这些造型往往与生态和使用的功能结合起来，在一定程度上也体现了波普艺术对景观设计的影响。玛莎·施瓦茨是受波普艺术影响较深的景观设计师，在她设计的亚特兰大的瑞欧购物中心庭园中，色彩上使用的是夺目的红、蓝、黄色，与商业招贴画有很多类似之处，使庭园成为具有高度视觉刺激和动感的空间。（图 5-33）而庭园中放置的 300 多个镀金青蛙则是对生活中实物形象的直接引用。在明尼苏达联邦法院广场（Federal Courthouse Plaza）上，她将粗壮的大原木分成几段，平行于隆起的草丘放置，既可当坐凳，又是贴近当地市民生活的普通材料——木材是明尼苏达人曾经赖以生存的经济支柱产业。（图 5-34）而在她自家庭园中，她还曾用丈夫最喜欢的面包圈作为造园要素，设计了面包圈园。她的许多作品都采用现成的物品作为材料表现出夸张的效果，虽然经常受到争议，但是也表达了她对景观的理解：景观不应安于成为生活与艺术的背景，而应致力于表达生活与艺术。

5.2.2　形式层面

后现代主义艺术不仅在思想层面带给西方景观设计师许多启发，而且一些艺术流派所创作的形式或造型方法也被景观设计师们所借鉴。

（1）极简主义艺术的影响

作为波普艺术的反抗力量出现的极简主义艺术，主张把视觉经验的对象减少到最低限度。极简主义艺术家认为，形式的单纯和重复，就是现实生活的内在韵

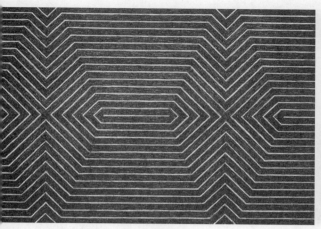

图 5-35　斯代拉的 "黑色绘画"　　　　　　　　　图 5-36　剑桥中心屋顶花园

律，他们的作品以绘画或雕塑的形式表现出来，构成手法简约，具有明确的统一完整性，追求无表情无特色，但对于观众的影响和冲击力却十分直接。比如佛兰克·斯代拉 (Frank Stella) 在 20 世纪 50 年代晚期创作了一系列具有非常简单的形式和精心布局的作品，被称为 "黑色绘画" (Black Paintings)，作品基本上都是在黑色画布上绘制非常简单的白色直线条纹，布局都是对称的，极为单纯。(图 5-35) 而极简主义雕塑则常常运用现代工业材料制成简单的几何形体，加以重复、系统化地摆放，直接与空间发生联系。比如唐纳德·贾德 (Donald Judd) 在 1965 年创作的《无题》，就是用十个方盒子以相同的间隔进行垂直排列，重复相同的单元，组成非常严谨的整体雕塑形象。极简主义既不同于激情和张扬的抽象表现主义艺术，也远离现实和平易的波普艺术，它以一种理性的、冷漠的、克制的姿态强调着自身的纯粹和高贵的品质。

　　许多当代西方景观设计师都或多或少受到极简主义艺术的影响，而其中最有代表性的要数彼德·沃克，他的许多作品直接将极简主义艺术的造型手法借鉴过来，形成了十分独特的个人风格。比如他设计的剑桥中心屋顶花园（Cambridge Center Roof Garden），由于屋顶的承重能力有限，所以只能用较轻的材料和种植一些低矮灌木。沃克在花园设计上进行了大胆的艺术尝试，他在花园东西两侧用低矮的带状花坛交错组织成一幅几何线条图案，这种图案令人联想起佛兰克·斯代拉 "黑色绘画" 中的那些条纹（图 5-36）；而花园中那些白色的装饰构架，均由涂白漆的金属管组合而成，这种造型也让人联想起索尔·勒维特的一些白色几何结构的雕塑作品。（图 5-37）整个花园可以说是极简主义艺术在景

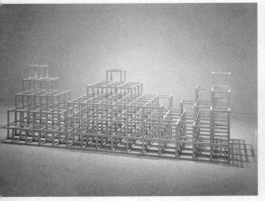

图 5-37（a） 索尔·勒维特的
白色几何结构雕塑

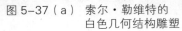

图 5-37（b） 剑桥中心屋顶花园中的装饰构架

观中的集中体现。在沃克的慕尼黑凯宾斯基饭店庭园中，他将传统园林中的绿篱、草坪、彩色砂石等元素提炼出来，塑造成简单的几何形体，再用简单重复的手法将这些自然材料以一种脱离它们原初的自然结构的方式组织在一起，带来了具有极简主义特色的视觉体验。而他的泰纳喷泉的构思则来自于卡尔·安德烈（Carl Andre）1977 年在康纳迪克州哈特佛德市的"石之田野"雕塑。两者都只使用了大块的石头，但在布置方式上，安德烈用的是平行的线组网格，沃克则用了圆形，沃克还在石组中心添加了雾喷泉及灯光，产生一种迷幻的画境。[29]

（2）大地艺术的影响

与以往的艺术流派相比，大地艺术的革新主要表现在对自然要素的关注。当艺术家选择了诸如沙漠、森林、农场或废墟作为创作环境的同时，也选择了与之相对应的创作材料如砂、石、木、草等。对于场地和材料的这种选择不但使大地艺术有别于传统雕塑，也是大地艺术进一步应用于景观设计的有利条件。大地艺术的形式语言追求简单化，点、线、环、螺旋等是最频繁使用的形式，这些形式也很容易为景观设计所采纳。大地艺术重新思考了人们司空见惯的自然环境，改变着人们的生态观念和自然观念，其触角深入到景观设计所涉及的领域，对西方景观设计产生了重要的影响。

大地艺术家采用自然材料塑造大尺度的艺术作品，他们用全新的艺术语言改变了人们对自然景观的视觉习惯，虽然很难引起传统意义上的视觉美感，但是却表现出一种精神意义上的崇高。当哈格里夫斯第一次见到罗伯特·史密森（Robert Smithson）的作品照片时，他就为这种艺术形式所表现出来的力量所震撼。（图

图 5-38　螺旋形防波堤
　　　　（史密森，1970 年）

图 5-39　匹普别墅景观

5-38）哈格里夫斯认为当代景观设计容易落入英国风景式园林和现代主义几何形式的套路，前者多用于大型公园，后者多用于小尺度广场或庭园。而在大地艺术中，哈格里夫斯看到了一种崭新的设计语言，在这种语言中"各种元素诸如水、风和重力都可以进入并影响到景观"。[30] 在他 1986 年完成的加州纳帕（Napa）山谷匹普别墅（Villa Zapu）景观中，他以塔楼为中心，呈同心圆形状种植了两种高矮和颜色都不同的多年生乡土草种，圆圈逐渐展开成波纹状，一直到入口转角处。从空中俯瞰，两种草形成的螺旋和波纹，如同大地上的一幅抽象图画。（图5-39）在拜斯比公园设计中，由于场地不能种植乔木，所以哈格里夫斯和雕塑家合作，将大量顶部被削平的木杆阵列布置在坡地上，隐喻了这片场所中的人工痕迹。而这一艺术形式主要是借鉴大地艺术家德·马利亚（Walter De Maria）"闪电的原野"的造型特点的手法，后者是德·马利亚 1971 年在新墨西哥州的大片土地上用 400 根不锈钢杆摆成的矩阵，在 6 月至 9 月的雷电季节，这些钢杆便吸引来一道道闪电，形成壮丽的景观。[31]（图 5-40）

　　大地艺术通过塑造地形来创作艺术品的造型手法也时常被景观设计师所借鉴，比如古斯塔夫森的莫不拉斯贮水池公园以及谢尔石油公司总部庭园都表现出这种特征。1991 年竣工的西班牙巴塞罗那的北站公园（Parque de la Estacio del Nord）是雕塑家、设计师与陶艺家共同努力的结果。由于公园地形高低不平，设计团队为了解决地形与公园使用功能的矛盾，为人们创造休闲散步的公共空间，也采用了大地艺术的造型手法，结合地形现状设计了"落下的天空"（Fallen Sky）和"树木螺旋线"(Wooded Spiral) 两个主题景点，分别成为公园南北两个

图 5-40　拜斯比公园景观和"闪电的原野"

图 5-41（a）　巴塞罗那北站公园全景

图 5-41（b）　"落下的天空"（左）；"树木螺旋线"（右）

空间的中心。前者是由交错的光滑曲线分割蓝色瓷片嵌贴的鱼形地景雕塑，加上拖弋的长尾与高高隆起的鱼脊，极富动感。后者是用陶片刻画出椭圆形螺旋线，陶片从中心向外旋转逐渐扩大，地形也随之逐层增高，按螺旋线栽植了一排排欧椴。（图5-41）从功能上说，两处景点和当地的气候密切相关。"落下的天空"是为寒冷的冬季所设置的景点，使人们可以在其中进行户外活动；"树木螺旋线"则是为炎热的夏季所设置的景点，使人们可以在树阴下休息。[32]

参考文献

[1] 俞孔坚. 回到土地［M］. 北京：三联书店，2009：25

[2] Norman Newton. Design on the Land：The Development of Landscape Architecture［M］. Cambridge：Belknap Press of Harvard University Press，1971：22

[3] Steven Krog. Is it Art？［J］. Landscape Architecture，1981（5）：371-376

[4] 张红卫. 哈格里夫斯［M］. 南京：东南大学出版社，2004：6-14

[5] 李亮. 德国建筑中雨水收集利用［J］. 世界建筑，2002(12)：56-58

[6] （挪）诺伯舒兹著. 场所精神——迈向建筑现象学[M]. 施植明译. 武汉：华中科技大学出版社，2010：18

[7] 刘先觉. 现代建筑理论［M］. 北京：中国建筑工业出版社，1999：41

[8] 张健健. 从废弃地到公园：多元视角的分析［J］. 现代城市研究，2011(1)：66-71

[9] 薛恩伦，李道增. 后现代主义建筑20讲［M］. 上海：上海社会科学院出版社，2005：22-23

[10] Marc Treib. Modern Landscape Architecture：A Critical Review［M］. Cambridge：The MIT Press，1992：260

[11] 王受之. 世界当代艺术史［M］. 北京：中国青年出版社，2002：176

[12] 刘晓明，王朝忠. 美国风景园林大师彼德·沃克及其极简主义园林［J］. 中国园林，2000(4)：59-61

[13] Jane Amidon. Moving Horizons：The Landscape Architecture of Kathryn Gustafson and Partners［M］. Basel：Birkhäuser，2005：34-37

[14] 周向频. 当代欧洲景观设计的特征与发展趋势［J］. 国外城市规划，2003（2）：55-63

[15] 林箐. 传统与现代之间[J]. 中国园林，2006(10)：70-79

[16] 彭锋. 美学的意蕴［M］. 北京：中国人民大学出版社，2000：27-28

[17] 钱筠，王晓俊. 波普风格与观念园林——玛莎·施瓦茨的园林设计评述［J］. 新建筑，2008(5)：98-101

[18] （加）卡菲·凯丽著. 艺术与生存：帕特丽夏·约翰松的环境工程[M]. 陈国雄译. 长沙：湖南科学技术出版社，2008：17-21

[19] 彭锋．美学的意蕴［M］．北京：中国人民大学出版社，2000：23-29

[20] （美）詹姆士·科纳著．论当代景观建筑学的复兴 [M]．吴琨，韩晓晔，译．北京：中国建筑工业出版社，2008：159

[21] 冯潇．现代风景园林中自然过程的引入与引导研究 [D]．北京：北京林业大学，2009

[22] Julia Czerniak. CASE：Downsview Park Toronto [M]. Munich；New York: Prestel；Cambridge, Mass.: Harvard University, Graduate School of Design, 2001：74-81

[23] （英）贡布里希著．艺术发展史 [M]．范景中译．天津：天津人民美术出版社，2006：346

[24] 陈池瑜．西方当代艺术的走向 [J]．艺术探索，1989(1)：73-80

[25] 马永建．后现代主义艺术 20 讲［M］．上海：上海社会科学院出版社，2006：115

[26] （西班牙）弗朗西斯科·阿森西奥·切沃著．景观大师作品集（1）[M]. 姬文桂译．南京：江苏科学技术出版社，2002：138

[27] Adriaan Geuze. Interview with Olof Koekebakker：Verzoening Met Het Eigentijdse Landschap [J]. Items，1994（7）：46

[28] Katie Campbell. Icons of Twentieth Century Landscape Design [M]. London：Frances Lincoln Limited，2006：126

[29] Jory Johnson. Presence of Stone [J]. Landscape Architecture，1986（7-8）：64-69

[30] John Beardsley. Poet of Landscape [J]. Landscape Architecture，1995（12）：46-51

[31] 张红卫，蔡如．大地艺术对现代风景园林设计的影响 [J]．中国园林，2003(3)：7-10

[32] （西班牙）马丁·阿什顿著．景观大师作品集（2）[M]. 姬文桂译．南京：江苏科学技术出版社，2002：16

第 6 章　总结与启示

20 世纪是西方景观设计发展最为重要的时期。在这一百年中，人类社会发生了巨大的变化，科学技术突飞猛进，文化艺术思想空前繁荣，其间又经历了两次世界大战，人们一次次地重新思考现实世界的问题，不断变化着自身的价值取向，这也使得西方景观设计经历了一个不断发展演变的过程。通过前文对 20 世纪西方艺术对景观设计的影响研究，可以归纳出下列几个方面的观点和启示。

6.1　总结

（1）艺术始终是景观学科追求的基本目标

无论在国内还是在国外，景观行业都是在园林行业的基础上发展而来，与产生于农耕文明背景下的"园林"相比，"景观"是在工业文明及后工业文明中，作为适应新的社会发展需要而形成的一门新兴学科。尽管"景观"涉及的范围和实践的领域要比"园林"更广，但追根寻源，"景观"最基本、最实质的内容是和"园林"一脉相承的，这一内容就是对美好的人类栖居环境的追求。正因为如此，即便景观已经发展成一门融多种知识于一体的综合性学科，艺术依然是它始终不变的基本追求，这一追求贯穿于景观学科发展的各个阶段，并且渗透到景观学科的各个层面。

此外，从 20 世纪西方景观的发展历程来看，艺术与景观一直保持着紧密的联系，艺术思潮的更替和艺术观念的变化总是影响着景观设计的发展趋势。虽然在当代景观设计实践中，美学和艺术并不是实践的全部内容，但对于美学和艺术的探索在很大程度上仍处于景观专业的中心地位，而景观设计师也正是以艺术的方式来表达他们对环境的关怀与热爱、对人与自然之间关系的思考。纵观整个20世纪，凡是成功的景观作品，都渗透着艺术的思想，得益于艺术形式的启发。

（2）20世纪西方景观设计是以现代主义精神为核心，不断被新的艺术思想和艺术手法所充实，不断与地方特色相融合的过程

工业革命在刺激了国民经济迅猛发展的同时，也使西方社会各个方面发生了重大转变。传统的文化价值观和文化制度慢慢瓦解，以反传统和强调"自我"为特征的现代主义思潮广泛传播。在现代主义思潮影响下，西方的艺术领域在思想观念和创作手法上都发生了深刻的变化，并最终发展为声势浩大的现代主义艺术运动。景观设计也深受其影响，法国的先锋景观设计师、美国的"加州学派"、英国的唐纳德与杰里科、拉丁美洲的马科斯和巴拉干等都吸取了现代主义精神和现代主义艺术的造型手法。在他们的努力下，现代主义景观成为20世纪西方景观设计的主流。此外，西方景观设计在接受现代主义洗礼的同时，还能够不断从地方自然和文化特色中获得启发，产生了许多既具有时代感，又体现出地域特色的优秀作品，这也使得现代主义在景观设计中保持了更为持久的生命力。因此，即使后现代主义艺术的一些思想和手法同样对西方景观设计产生了影响，但现代主义景观仍然是当代西方景观设计的主流。同时，由于认识到工业文明给人类自然和人文环境的破坏，景观设计更是自觉承担起修复自然系统、传承乡土文脉的重要责任，自然和文化成为景观设计实践中关注的两大主题。

（3）景观设计的发展和艺术的发展之间既有联系，又有区别

从艺术学角度出发，将景观设计置于20世纪西方艺术大系统中考察，可以发现，景观设计的发展、景观风格和形式的变化受到同时代艺术思潮以及相关艺术门类发展的深刻影响。当代西方景观之所以能够超越传统的羁绊，形成全新的风格和形式，最需要感谢的就是现代主义运动。正是由于这场运动，在绘画、雕塑、建筑等艺术门类中形成了崭新的创作思想和形式语言。通过对这些新思想和新形式的借鉴，现代主义景观才得以发展成熟，20世纪的西方景观设计才获得了全新的发展。而到了20世纪后期，后现代主义思潮和相关艺术门类的发展，同样给西方景观设计带来了许多新的思想观念和造型手法，推动西方景观设计走上多元化发展的道路。

此外，景观设计的发展规律和艺术的发展规律在总体上也表现出一致性。艺术的发展是政治、经济、文化、科技等社会因素和艺术自身的内在逻辑和规律共同作用的结果。正如阿诺德·豪泽尔所言，"艺术是部分受内部、部分受外部限

制的形式和表现，从来没有单纯地走着自己的路的艺术，也从来没有完全受外在环境的支配的艺术。"其中，各门类艺术间的相互影响与借鉴，和艺术家个人的探索与创新，对不同时期艺术风格的形成具有直接的意义。景观设计的发展同样也是社会环境、艺术环境以及设计师个人努力之间共同作用的结果，而相关艺术门类的发展则为景观设计革新提供了思想和形式上的源泉。

尽管景观设计的发展和艺术的发展有着深刻的联系，但是景观设计的发展也有着自身的独特性。这主要表现在景观设计的革新和其他艺术门类之间存在着不平衡性，它往往要落后于其他艺术门类。这主要由于景观设计在材料运用、创作环境（往往涉及复杂的场地条件和工程技术）、承载的价值、欣赏的方式及其所受到的社会条件制约等几个方面具有自身的独特性，使得它与姊妹艺术相比，革新步伐显得比较缓慢。如果用马克思主义的艺术生产理论来说明，艺术生产力作为社会生产力的一个重要组成部分，不仅推动着艺术的发展与创新，而且反映艺术与社会、经济、科技等诸多因素的复杂关系。艺术生产力包括主观和客观两方面因素。在绘画、雕塑、音乐等艺术门类中，艺术家的修养、创造能力等主观因素在艺术生产力中所占比重较大，所以它们革新更加迅速、更加激烈；而在景观和其他一些实用艺术中，社会政治、经济、科技等客观因素在艺术生产力中占有较大比重，所以它们的革新就要显得较为缓慢和温和，它们的发展与社会的发展更加趋于同步。因此，往往只有在物质生活水平高度发达的社会阶段，我们才会看到较为成熟的园林景观形式。

6.2　启示

（1）景观回归艺术是时代发展的需求

中国古典园林作为我国古典文化的一个组成部分，与诗歌、绘画等艺术门类享有同等的艺术地位，在世界艺术宝库中也占有重要地位。然而由于我国近代国力衰弱，中国园林艺术的辉煌已经成为历史的记忆。直到20世纪90年代，随着城市建设、房地产开发的迅速发展，我国景观行业才蓬勃发展起来。然而，由于发展时间短暂，缺乏系统的理论指导，在景观设计和建设中各种误区和弊病屡见不鲜，严重影响了我国景观的艺术水平。同时，随着我国社会经济的发展，人民物质文化生活水平的提高，大众对于景观的需求已经不再仅仅停留在园林绿化的层面上，而更加注重对文化品位和精神内涵的追求。这就使得在理论和实践层面加强景观的艺术探索，促进景观向艺术的回归，成为时代发展的迫切需求。

20世纪的西方景观设计师和理论家对于艺术方面的探索是不断的。唐纳德、埃克博、罗斯、杰里科等都在他们的文章中提倡对现代艺术的借鉴，丘奇、马科斯、沃克、施瓦茨等众多设计师则直接将艺术中的成果转化为景观的设计语言。正是因为他们的不懈努力，最终形成西方景观异彩纷呈的景象。此外，国外还有专门的措施鼓励景观设计中的艺术探索。比如西方许多国家都设立了"百分比艺术"法令，用立法的形式确保在市政设施和工程建设时，抽出预算金额一定数量的百分比资金用于该项目公共艺术品的设置和城市公共艺术事业的发展。这就在城市景观建设时，加强了设计师、工程师和艺术家之间的交流与合作，保证了景观设计应有的艺术水准。对于处于起步阶段的中国景观设计来说，西方景观设计发展的道路给我们提供了有益的参照。

（2）开放的观念和理性的取舍是中国景观设计应有的态度

近二十年来，我国景观建设呈现出迅猛发展的局面，各种西方景观设计的形式、观念和手法大量涌入国内。而我国的景观事业才刚刚起步，面对早已成熟的西方景观设计的冲击，国内景观行业该如何应对？

首先，采取消极的态度一味"抵制"与"捍卫"不可能带来民族艺术的振兴。中国古典园林由于在功能上、形式上已经难以满足当代城市生活的需要，所以借鉴西方景观设计成果，创作体现时代精神的景观作品是当今中国景观设计的必由之路。同时，这种借鉴也不一定要停留在景观设计领域内部，其他艺术门类所创造的优秀成果同样可以成为景观设计借鉴的对象。从艺术学研究角度来说，不同艺术门类之间有其共通之处，这就给不同艺术门类之间相互学习、相互借鉴提供了机遇。正是有了这种相互学习和借鉴，艺术家、设计师才能超越自身的领域从其他事物获得启发，实现本门艺术的进步和发展。20世纪西方景观设计之所以能超越传统、不断创新，正有赖于对其他艺术门类的广泛吸收和借鉴。因此，对于西方景观设计成果以及中外相关艺术领域的优秀成果，均保持一种开放的观念积极吸纳，是推动中国景观设计发展所必需的。

其次，由于我国与西方分属两个不同的文化体系，在吸收和借鉴西方景观设计先进成果的同时，我们更应该立足我国的民族特色和文化传统加以理性的取舍。任何一种成熟的艺术样式，在其背后都有一个巨大的历史文化背景。西方当代景观的艺术形式是在西方现代艺术风起云涌的背景中形成的，它是西方现代文化的承载体，它充分体现了西方社会的文化精神。不加选择的盲目抄袭只能使我们的景观设计背离本土文化的深厚根基，使我们的景观作品成为无源之水和无根之木。此外，对于其他艺术门类的借鉴也应当以景观设计自身的特性为标准。虽然艺术是景观始终不变的追求，但从20世纪西方景观设计发展来看，景观和艺术之间的距离还是明显的，并非所有艺术观念和形式都能为景观设计所借鉴。艺术创作强调个性、情感和创造力的表现，景观设计需要对功能、社会、生态因素以及艺术品质做综合考虑。因此，在吸收和借鉴其他艺术门类的成果时，根据景观设计自身特性加以取舍是必不可少的。

（3）艺术和科学的平行思考是当代景观设计的内在要求

景观是一门建立在广泛的自然科学和人文与艺术学科基础上的综合性应用学科。科学和艺术是景观设计中不可或缺的两种方法。景观要满足人们实际的生活需要，离不开科学的调研和分析；而要满足人们更高层次的精神和心理需求，则依赖于艺术的创造和表现。对于景观设计而言，讲究科学的理性设计途径虽然在满足使用功能、控制生态恶化等方面具有重要意义，但是如果要求每一根线条都建立在严格的分析和论证的基础上，那必然会导致设计师的创新思维遭到扼杀，设计出的景观将陷入"合理"的雷同之中。

从20世纪西方景观的实践来看，丘奇的加州花园、马科斯的抽象画式景观、沃克的极简主义景观等之所以给人留下深刻的印象，正是因为他们将各自的生活阅历、思想性格、审美情趣以及艺术修养融入到设计的过程之中，从而创作出富有特色的作品。在我国当前的景观设计实践中，由于景观设计理论研究的缺乏，景观设计往往容易陷入"形式追随功能"的教条，艺术在景观设计中往往只是作为理性思维后的形式美化，或以各种景观小品的形式作为标榜设计师艺术素养的点缀，结果是出现了许多缺乏创意和特色甚至是雷同的景观作品。实际上，中外艺术发展到今天，产生了大量的艺术观念和艺术语言，这本身就是一个巨大的思想宝库。艺术对景观设计而言，不仅是一种形式语言的来源，而且是一种思维方式和思想工具，它能为景观设计提供无限的创意和启发，从而使景观作品更加具有思想性和独特性。当然，片面追求任何单一的设计途径都是不合理的，设计师应该具有综合驾驭科学和艺术两种方法的能力，既要学会用科学的方法去分析，也要善于用艺术的激情去创造。

（4）自然与文化的和谐共生是当代景观设计对人类的责任

20世纪是工业文明高奏凯歌、走向辉煌的时代。人类借助科技的力量在大地上进行了巨大的改造，创造出前所未有的经济繁荣，同时也对地球上的自然和人文环境造成了有史以来最严重的破坏。就中国而言，在西方工业文明的巨大影响下，我国的城市发生了翻天覆地的变化。然而，在城市面貌日新月异的背后，却是我们的自然生态和乡土文化面临着从未有过的危机。工业化和现代化带来的种种弊病已经引起西方社会的反思，这促使自然和文化日益成为当代景观设计的两大主题。

　　相对于其他艺术门类而言，景观设计对于当今城市的环境问题有着独特的意义。这种意义就在于它所研究和工作的对象是一个独特的界面——景观。在这一界面上，各种自然和生物过程、历史和文化过程发生并相互作用、相互影响。因此，景观设计在微观层面关系到人们生活与工作环境的舒适和美观，在宏观层面则关系到整个人类生存的自然和文化环境的保存与发展。可以说，景观既是一门生活的艺术，又是一门生存的艺术。在协调人与自然的关系、重拾人们的文化身份以及重建人与土地的精神联系方面，景观设计有着自身独特的优势。

　　当今中国正处在史无前例的发展和转型时期，由于经济发展和城市建设中的种种浮躁、功利等不健康心态，传统城市中的自然和人文特征正在日益萎缩。对此，景观设计不应该仅仅停留在对于视觉美的追求上，更应该将自然与文化的和谐共生作为更高层次的审美追求，充分发挥景观设计在协调"自然—人—文化"的关系方面的独特优势，承担起塑造人类理想家园的光荣使命。

图 目